U0030842

價值觀
領導力

VALUE THE VALUE OF VALUES

緊抱核心價值觀・盡展卓然領導力

當責式管理權威 張文隆 著

本書獻給——
・ 正在奮鬥者：讓奮鬥更有意義
・ 正在轉型者：讓轉型更有方法
・ 正要傳承者：讓傳承更能成功

不只是傳承人脈與資產，不只是傳承策略或經營訣竅；
更要傳承企業文化，更要傳承文化中的核心價值觀。

作者自許與分享：

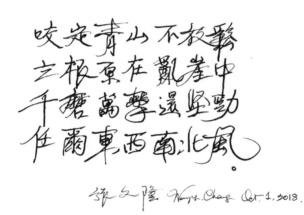

咬定青山 不放鬆
立根原在 亂崖中
千磨萬擊還堅勁
任爾東西南北風。

張文隆 Wenn Chang. Oct. 1, 2018.

（本書作者自書鄭板橋詩，讀者如有感也請在本書頁自書以堅志。）

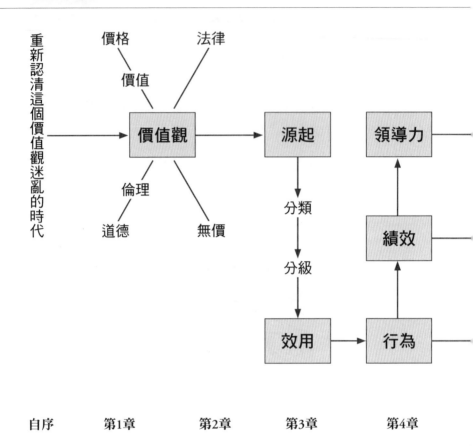

重新認清這個價值觀迷亂的時代

價格
法律
價值
價值觀 → 源起 ＆ 領導力
倫理
道德 無價
分類
分級
績效
效用 → 行為

自序　　　第1章　　　第2章　　　第3章　　　第4章

問問自己
● 錯誤的決策比貪污更可怕嗎？
● 台灣人真的欣賞奸巧的人嗎？
● 文化會把策略當早餐吃掉嗎？
● 歐美文化會凌駕我的企業文化嗎？
● 張忠謀重視的「這三環」是哪三環？
● 價值觀，何去？何從？

一次看清楚：**價值觀的價值**（The Value of Values）

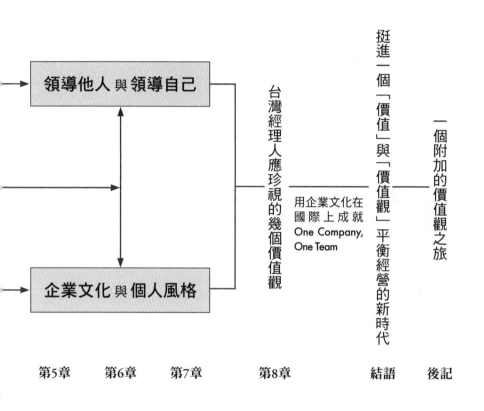

領導他人 與 領導自己

企業文化 與 個人風格

台灣經理人應珍視的幾個價值觀

用企業文化在國際上成就 One Company, One Team

挺進一個「價值」與「價值觀」平衡經營的新時代

一個附加的價值觀之旅

第5章　　第6章　　第7章　　第8章　　結語　　後記

緒論 **一張表，一眼看完一本書，一次看清楚：「價值觀」的價值** ⋯⋯⋯⋯⋯⋯⋯⋯⋯⋯⋯⋯004

有系統、有步驟地從「必也正名乎」到「提升價值觀領導力」，從紛亂價值觀到共享價值觀，從領導自己到領導團隊、組織/企業、國家/社會，都讓價值觀現蹤與助攻；接軌傳統台灣與當代國際，讓社會人與企業人同成為「價值觀領導力」勝利組。掌握原本難以捉摸的關鍵性軟實力。

自序 **重新認清這個「價值觀」迷亂的時代** ⋯⋯028

別再老是用「價值」替代「價值觀」了：一講「價值」，許多人就情不自禁地想到：價多少？值多少？值不值？甚至，不自覺地要掏出計算機，計算一下也算計一番：如何妥協？如何交易？不會想理念、原則、守則、立場等的「價值觀」，我們不知不覺地進入「價值觀」迷亂的時代。我們活在迷亂裡很久了，該醒一醒了。

企業在追求「價值」的過程中,「價值觀」總是被臣服甚至遭棄置。聚焦總是在價值的單項或單向上,報導的是獲利大增,不報導的是污染大增或員工血汗。價值與價值觀分離是醜陋的,缺乏價值的價值觀(value-less values)與缺乏價值觀的價值(values-less value),都將不再值得重視。

我想的「青春」是,青春永駐般的「價值觀」;我想的「青史」是,興衰凌替中的「企業史」。「成功宴」還是照開,卻是開在未來旅程的里程碑上;也勸「價值觀領導」路上的英雄們:酒,少喝一杯。於是,我大膽改了于右任名詩最後三個字——「酒一杯」改成為「書作陪」:

不信**青春**喚不回,不容**青史**盡成灰;
低徊海上**成功宴**,萬里江山**書作陪**。

是為本書完書之自勉,也與讀者共勉之。

專業佳評

這本《價值觀領導力》的專書，引經據典並配合老師豐富的經營管理經驗，清楚說明了「價值觀」在領導自己和領導別人的應用議題。讓讀者認識「價值觀」要建立在「Doing well by doing good」，從而透過對社會的貢獻而得到社會的回饋。

——江懷海，宸鴻光電科技執行長

不論是汲汲營營創建企業品牌價值的專業經理人，或是戮力追求個人價值之職場工作者，透過書中精闢獨到的論述，從認識到認知，甚麼是價值觀、如何應用價值觀？進而建立自己的「價值觀領導力」。

——余俊彥，中鼎集團總裁

台灣確實處在價值觀迷亂的時代。醫學生在利潤導向的大環境裡，耳濡目染而迷失了醫療的核心價值觀。非常期待張先生的登高一呼，讓價值觀的討論能夠在台灣發酵。唯有建立正確的價值觀，才有身心健康的個人，以及和樂、繁榮的群體。

——黃達夫，和信治癌中心醫院院長

好的價值觀就像是北極星一樣，不僅可以引領個人走向正確的方向、淬鍊出人生意義，更能使得組織內外、乃至於社會大眾，不約而同為了一致目標群策群力、和衷共濟，持續推升人類文明蛻變昇華。

——周俊吉，信義房屋董事長

如果願景是北方，價值觀就是指北針，或者更精確的說，就是指北針裡的磁石。在組織內鎔入磁石，就能確保組織超越領導者的行為、壽命，更長期的堅持往北方前進。這本書的重點，就是在提醒現代領導者，應該要把磁石鎔入組織中，又如何把這個系統設計做好。

——林之晨，AppWorks 創辦合夥人

生命如果像一部汽車，我們會努力加大它的馬力，使它速度更快；但是同時我們也會設置一個強大的操控系統，如煞車與方向盤，以免它發生車禍。這個操控系統就是道德，我們主動需要它，不是被迫接受它，康德稱之為「道德的必要性」（moral imperative）。它的功能不是自我「設限」，而是自我「提升」；我們不但不能排斥道德，反而更要努力了解它、加強它，讓生命更亮麗。所以，我強烈推薦本書！

——李錫錕，台大政治系教授

有關價值和價值觀的原則，代表一極為根本的觀念上問題，必須予以澄清，否則將對於領導帶來嚴重的限制或扭曲作用。

——許士軍，逢甲大學人言講座教授／台灣董事學會理事長

閱讀《價值觀領導力》是一趟反思之旅。若「當責」是期許專業工作者要有得到好結果、好績效的企圖與決心，「價值觀」則是鼓勵大家思考，是否可以為了求取結果，而揚棄法度氣節、不擇手段？其中分寸拿捏不宜偏頗。

——何飛鵬，城邦媒體集團首席執行長

推薦序 ❶

信義立業，止於至善

周俊吉
信義房屋董事長

　　子曰：「為政以德，譬如北辰，居其所，而眾星拱之。」

　　好的價值觀就像是北極星一樣，不僅可以引領個人走向正確的方向、淬鍊出人生意義，更能使得組織內外、乃至於社會大眾，不約而同為了一致目標群策群力、和衷共濟，持續推升人類文明蛻變昇華。

　　筆者本人正是良好價值觀的受惠者之一。打從創業的第一天起，就始終秉持「該做的事，說到做到」的經營理念，以企業倫理（一對多的合宜關係）為核心，在企業營運過程中兼顧各利害關係人權益，一路走來、矢志不移，接續開展出「以人為本、先義後利、正向思考」三大理念支柱，成為全體同仁的基本守則與工作信仰，並以「信義立業，止於至善」的終極目標時刻自我期許。

　　三十幾年過去了，雖然需要努力精進的空間還很大，但至少彙集了一群人為了共同目標奮鬥不懈，也串連起一些人響應相同理念，在各自領域投入深耕，未來希望能有愈來愈多團隊或組織，願意與我們並肩合作、共襄盛舉。

　　淺見以為，這正是「價值觀領導力」最基礎的效果與影響。想一窺「價值觀領導力」之堂奧？有意建構自身的「價值觀領導力」嗎？推薦本書給各位讀者初探「價值觀領導力」之博大精深。

推薦序❷
台灣正處在價值觀迷亂的時代

黃達夫
和信治癌中心醫院院長

本來為醫學生開人文教育課的目的，是要討論醫學生在醫療現場所面臨的困惑，譬如，如何向病人揭露壞消息。但是，上星期醫學生提出的問題，卻是：「和信醫院花這麼多資源在病人和學生身上，到底要如何達到收支平衡？」

我的回答是，我很高興他們感受到我們把病人與學生擺第一。教學醫院的使命不就是要照顧好病人，培育下一代的好醫師嗎？我的信念是，醫院是為了病人而存在，真正滿足病人需求的醫院自然能夠存活下去。如果醫院為了利潤而妥協了醫療品質，怠忽了教育的責任，豈不是本末倒置！做人要有所為，有所不為。

和信醫院在台灣已存在 28 年了！因為健保制度的偏差，醫院的醫務收入一直比支出差一點；醫院之所以能夠持續改善軟、硬體，不斷求進步，靠的是營運效率與病人捐款的幫助。經營上雖然辛苦，但我問心無愧。而且，我對於未來的展望是樂觀的，因為，健保給付從論量計酬往論醫療結果好壞付費的改革，已是不可逆的趨勢。台灣的步調雖慢，但遲早會發生。

本書作者張先生說，今天在台灣，很多人「把價值觀簡化或混用為價值……各行各業開始計算、精算，乃至機關算盡，事情常無限制地妥協，唯利是圖，有時是道德淪喪在所不惜，違法亂紀時也

毫不自覺」。醫學生會有上述的困惑，正好印證了作者的觀察和憂心。當今，台灣確實處在價值觀迷亂的時代。醫學生在利潤導向的大環境裡，耳濡目染而迷失了醫療的核心價值觀。

張先生還提到：「『誠信』這個人類千年前、千年後都在追求，卻也並不一定能做得到的價值觀，但並不能說做不到就放棄。誠信真被眾人放棄時，人間會成煉獄吧！」我非常認同，誠信正直是一個社會和諧、進步、繁榮不可或缺的核心價值觀。

這讓我想起一位醫學中心的副院長，在一篇討論醫療糾紛的文章中說，當有醫療糾紛時，病人要求真相是做不到的。因為他處理過上千件醫療糾紛案，發現醫護人員都不會說實話。這樣的論調令我既震驚又寒心。曾幾何時，維繫病醫關係的基礎——誠信，竟然不見了？我們不是更應該加倍努力去搶救嗎？

非常期待張先生的登高一呼，讓價值觀的討論能夠在台灣發酵。唯有建立正確的價值觀，才有身心健康的個人，以及和樂、繁榮的群體。

推薦序 ❸
事業的良心

林之晨
AppWorks創辦合夥人

「Jamie，我們公司開始賺錢了，未來兩、三年的收入也可以預期。我們三個共同創辦人最近一直拿不定主意，到底要橫向拓展、做更多產品線，還是要垂直整合、鞏固上下游。你覺得呢？」

從 AppWorks 創業加速器畢業的校友，其中有固定比例，大約在三、五年後，會帶著他們好不容易從 0 走到 1 的喜悅，以及站穩後碰到的第一個難題，回來找我 Office Hour。

我給他們的答案往往是，組織是你們的，難得可以定義她要往哪裡去，千萬不要盲從別人的建議。近期內找個時間，你們幾個拉到一個深山裡、大海邊，三天三夜，好好討論清楚，十年、二十年後，你們希望看到的是一家怎麼樣的公司，對社會的哪個區塊，造成如何重要的影響。

其實，組織之所以發生，就是要超越個人的力量與壽命限制，創造更巨大、更長期的改變。

問題是，在 0 到 1 的過程中，組織必須先求生存，因此沒有多餘的資源去佈局長期，再加上 0 到 1 本身的極度艱難，花上吃奶力氣三、五年後才有機會站穩，這時領導者反而迷惑了，是該永無止境的求生存，還是可以找回當時的初衷。

即使決定要有明確的方向，又怎麼知道是否正確？

　　其實，無論要改變的是市場、行業、產品、技術，還是政治制度、法律、施政，抑或是宗教、信仰、弱勢扶助，這些目標都沒有絕對的黑白。換言之，組織的組織者，必須有一個主觀的判斷，定義一個明確的北方，也就是本書形容的「願景」。

　　有了願景，組織便有了長期存在的目的，可以號召人才加入，推動這個改變。願景越遠大，必須同時要越崇高、越動人，才能吸引更多強者來幫忙，也才有機會完成這樣巨大、長期的改變。

　　而如果願景是北方，價值觀就是指北針，或者更精確的說，就是指北針裡的磁石。在組織內鎔入磁石，就能確保組織超越領導者的行為、壽命，更長期的堅持往北方前進。而 Wayne 這本書的重點，就是在提醒現代領導者，應該要把磁石鎔入組織中，又如何把這個系統設計做好。

　　再看看市面上很多所謂良心事業，講的都是不為惡，其實太消極。真正積極的良心事業，應該要為善，而且這個善，應該要與組織的價值觀是一致的。換言之，價值觀，就是良心事業的良心，一個組織要長期存在所必要的元素。

成為佼佼者，讓錢來追我們

江懷海博士
宸鴻光電執行長

最近接到張文隆老師的電話，邀我給他的最新大作《價值觀領導力》寫序，很高興產業界又有往前推進的助力了。

前一陣子我在接受台灣蘋果日報的系列專訪時，談到年輕人在追求第一桶金時，不要只看到眼前短期的利益，卻模糊了長期目標。俗話說，錢有四隻腳（角），人只有兩隻腳，人是追不上錢的。反過來我們應該在自己的產業領域裡，追求專業的卓越並成為佼佼者，有機會讓錢來追我們。

我談到現在大家都把「價值」與「價值觀」混為一談，都只是往價值在努力，沒有在重要的價值觀上努力，忽略了追求組織的核心價值觀並建立個人堅定的「價值觀」。隨著時光飛逝，沒有價值觀的目標，只是在東張西望，到頭來一定會限制了個人與組織的成長。

我也發現大家甚至把「價格」與「價值」混為一談，一直都只往價格在努力，更是一起忽略了「價值」與「價值觀」。

很高興張老師寫了這本《價值觀領導力》的專書，引經據典並配合老師豐富的經營管理經驗，清楚說明了「價值觀」在領導自己和領導別人的應用議題。讓讀者認識「價值觀」要建立在「Doing well by doing good」，從而透過對社會的貢獻而得到社會的回饋。我

非常高興推薦這本很前瞻又很實用的書。

　　我曾經長期與張老師合辦過在當責、影響力、衝突管理、情緒管理與領導力等的諸多高階主管培訓課程，收效很大。相信讀者透過本書的詳細解說，必能充分吸收，並將價值觀的軟實力應用在實務上，從而將經營管理推上另一高峰。

推薦序 ❺

重整價值觀，品牌再造

余俊彥
中鼎集團總裁

　　非常榮幸應文隆老師邀請，為他的新作《價值觀領導力》撰寫序文。文隆老師是華人管理世界「當責式管理」(Management by Accountability) 的先驅者，悉心研究「當責」議題二十餘年，全力推動「分層當責、充分賦權、有效賦能」的新管理模式，開辦過千場以上的研討會，並獲得國家智榮獎等多項殊榮，堪稱當責式管理大師。

　　素仰文隆老師在企業策略管理上之專業，CTCI 中鼎集團年度的策略共識營活動，曾兩次邀請老師蒞臨指導。第一次是 2010 年，講題是「當責」；在他震撼式鏗鏘有力的演說中，與會主管們如醍醐灌頂，不僅學習到 ARCI 團隊當責管理模式，並廣為應用於日常工作中，獲益匪淺。

　　第二次在 2016 年，那一年，我們正致力於「品牌再造」，希冀在集團經營品牌、追求永續成長之際，藉由共識營活動向所有主管布達如何具體實踐 CTCI 四大經營理念「專業、誠信、團隊、創新」；同時連結「Most Reliable」最值得信賴的品牌精神，打造 CTCI 成為「最值得信賴的全球工程服務團隊」。當時，透過文隆老師深入淺出、饒富風趣的專業指導，讓我們對「價值觀」有了進一步的瞭解及體悟。

　　「專業、誠信、團隊、創新」是我們的經營理念，也是「價值觀」。我們除了將這個價值觀內化為每位員工的工作態度，成為公司文化外；亦從個人開始落實 Reliable 的品牌精神，延伸至每個部門、團隊，成功地讓 CTCI 所代表的不單是中鼎這個名稱，更是一個被使命驅動的品牌、負責任的品牌、榮譽的品牌。中鼎已連續四年入選道瓊永續指數（DJSI）成分股企業，並連續兩屆入選哈佛商業評論台灣 CEO 50 強，這就是以價值觀來創造企業品牌價值的最佳表現。

　　文隆老師繼《當責》、《賦權》、《賦能》等三本書之後，集其管理智慧之大成，接續出版這本專論價值觀之大作，讓不論是汲汲營營創建企業品牌價值的專業經理人，或是戮力追求個人價值之職場工作者，透過書中精闢獨到的論述，從認識到認知，甚麼是價值觀、如何應用價值觀？進而建立自己的「價值觀領導力」。相信每位讀者在閱讀這本專書之後，必能多所啟發，受用無窮。

推薦序 ❻
價值觀是根本上的觀念問題

許士軍

逢甲大學人言講座教授／台灣董事學會理事長

　　進入二十一世紀的數位經濟時代，能夠引領企業進入不確定的未來的領導，乃建立於願景及誠信之基礎上及其背後之價值觀。

　　不幸地，在我們社會中，一般人對於所謂「價值觀」(values)，常與「價值」(value) 產生混淆。舉例言之，孔子在《論語》中說：「富與貴，是人之所欲也，不以其道得之，不處也。」在這段話中，如果「富與貴」所代表的是「價值」，則「不以其道得之，不處也」中之「道」，代表的是一種「價值觀」。這也是孔子所說，「不義而富且貴，於我如浮雲」，話中的「義」，就是一種價值觀；在孔子心目中，「暴虎馮河」之勇，就是沒有意義的價值。

　　本書《價值觀領導力》作者張文隆先生看來，有關價值和價值觀的原則，代表一極為根本的觀念上問題，必須予以澄清，否則將對於領導帶來嚴重的限制或扭曲作用。這本書所闡述的，就是一種「經由價值觀而創造價值」的道理，事關世道人心，值得我們細心研讀並應用在領導任務上。

勿忘初衷──
以價值觀迎向共利社會

何飛鵬
城邦媒體集團首席執行長

我曾拜讀張文隆先生《當責》一書，認為它對企業主及及工作者所面臨的許多問題，提供了一個核心答案。而《賦權》與《賦能》，則是當責式管理的最佳實務。

現在，張先生的新著作《價值觀領導力》，像是給台灣社會一記當頭棒喝。當眾人仍混用「價值」與「價值觀」，在利益與氣節之間取捨與算計時，這本書如雷貫耳，提醒我們應去探索與認識價值觀的價值，了解價值觀帶來的強盛領導力，不讓金錢味凌駕正派主流的品格。

孔子說：「必也正名乎！」這正是本書的作法，從挑戰大眾對「價值觀」的錯誤認知著手──價值比的是價多少、值不值，但許多價值觀是無價的，在千百年前與千百年後皆然。當我們認識到兩者的不同，便能在為人處事與經營公司時回到「原則」上，不致唯「利」是圖。

其後，又談到如何讓軟綿綿、處於雲端的「價值觀」落地，在企業經營上紮根。書中博引ＧＥ、阿里巴巴、通用汽車、Ｐ＆Ｇ、台積電……等國際級優秀企業案例，足證企業若想長久經營，僅是

傳承資產、人脈、技術，不足為恃，企業文化與其中的「核心價值觀」，才是能跨越歲月變革的關鍵。

台積電張忠謀董事長深深重視企業文化中的核心價值觀，不只躬身實踐，還率眾力行，在各種場合更是竭力倡導。他早期談的「這三環」，或是晚期的「三個基本面」，無非都點明了領導人在整體經營上應具有的大邏輯架構。本書從剖析張董事長的「這三環」，到「機制化」能力與流程的論述，讓人頓悟何以強調價值觀似乎在打高空，卻能促進強盛的領導力，支持公司的策略與文化，為利害關係人創造價值。至此，你就不再只是「半個領導人」了。

「文化把策略當早餐吃掉了」這句話看來嚇人，卻也明白顯示出，一個積弱不振、缺乏共同價值觀的企業文化，就算有先進技術、優質產品、聰穎人才，終究會陷入穀倉效應，各自為政，甚至勇於內鬥；組織內的文化亂度滋生莫大負向能量，嚴重影響企業經營。

最後，本書提醒大家反求諸己，別忘記領導自己是領導他人的基石。勿忘初衷——不只是企業經營要記得初衷，所有人無論職位高低，是否也該「回到初心」，自問有沒有做到「修身」的功夫？領導人的個人價值觀可收風行草偃之效，部屬的個人價值觀也可在部門內形成次文化，向上形成影響力，帶動企業走向正道。

在資本主義的影響下，我們的思考常被侷限在短期利益上，深怕這筆錢現在不賺就吃虧了，欠缺永續觀念——企業經營如是，個人品牌塑造也常有炒短線、為求暴紅不惜做出偏激行徑。一旦明白價值觀的重要性，視野便會開闊許多，在個人生活、在企業願景上，自我領導與領導他人，找到務實與理想間的平衡點。

　　閱讀《價值觀領導力》是一趟反思之旅。若「當責」是期許專業工作者要有得到好結果、好績效的企圖與決心,「價值觀」則是鼓勵大家思考,是否可以為了求取結果,而揚棄法度氣節、不擇手段?其中分寸拿捏不宜偏頗,才能找回價值與價值觀兼容並蓄的倫理,走入共利的未來社會。

| 自序
重新認清這個「價值觀」(values)迷亂的時代

The value of values is that they can change the world for the better. To participate in and contribute to that kind of change, you need a strong discipline of soul.

價值觀的價值在於它們可以改變這世界，變向更為美好。要在這個改變中參與並有所貢獻，你需要一個強盛紀律的心靈。

——布萊恩‧福瑞澤博士（Dr. Brian J. Fracer），加拿大會談專家與高管教練

迷亂是迷失與混亂。

在價值觀上，台灣社會早早迷失在一開始的名詞裡，我們總是誤認或混用「價值觀」(values) 與「價值」(value) 為同一詞，然後；我們隨著又久久混亂在應用裡。我們的國家/社會領導人、組織/企業領導人以及普羅大眾/一般人，也大都簡用「價值」替代「價值觀」；於是，「價值觀」與「價值」總是被混在一起計算或算計著，社會上漠視價值觀也成了理所當然。

「價值」通常會有個數字，它的重點總是：「值」多少？有人還會進一步想：「價」多少？聰明人也知道「值」裡面有時會有些超越「價」的部份，所以會自問或他問：這值得嗎？是「物超所值」嗎？總是在計算著，這裡的計算也常充滿算計，厲害時還機關算盡。

　　「價值觀」的重點是「觀」，是審視，是觀念、理念，是原則、守則。尤其在談「核心價值觀」時，是指一個人、一家公司或一個國家社會裡，最基本、長久不變也想長期堅守的一種「價值觀」——常是「無價」的，難以計算出價值，有時價值連城，是無價之寶。無論國內國外、古代現代，總有人曾用生命信守價值觀，他們總認為：值得。他們也在計算著，但計算的效期很長：一生、幾個世代，甚至在歷史的長河裡。

　　把三個字的「價值觀」簡化或混用為兩個字的「價值」時，有個先天性的隱意：莫非理念也可以加進來，成為利益計算的要素之一？於是乎，各行各業開始計算精算，乃至機關算盡，事情常無限制地妥協、唯利是圖，有時是道德淪喪在所不惜，違法亂紀時也毫不自覺。

　　現在，我們正處在這個模糊區裡，於是我們常聽說下列名詞：台灣價值、企業價值，或個人價值。有些人想多了，總是不免好奇：價多少？值多少？要交換、可賣出嗎？部份政客與商人一聽聞「價值」後，是否會忍不住想掏出計算機，計算也開始算計？

　　別再因不知、懶散或故意，把價值觀簡說、簡寫、簡用為價值，讓文化管理輸在一開始的起跑線上了。

　　在中國，把「價值觀」簡寫、簡說成「價值」的官方或民間人士很顯著地少很多。好險，中國降值殺價成風，價值觀如被誤用或混用為價值，價值觀會更不值聞問。古時中國聖賢守護價值觀，是很認真嚴肅的，如宋朝文天祥在當時拒絕高官與厚祿，為了守住「正氣」的信念、價值觀而一路受盡苦難，終而從容就義，今人讀起猶是肅然起敬。中國史上還真不乏如此先例，可惜沒能化為如

「美國精神」般的國家價值觀，縱橫古今地流傳與應用，反而讓龐大而精於計算價值、忽視價值觀的人佔盡先機，蔚為主流。

現在，「中國社會主義十二大核心價值觀」的廣告在全國各地區各領域舖天蓋地，卻沒人注意，更沒在執行，實在可惜。中國領導人原欲用這十二個國家級的核心價值觀融合中國與西方的基本信念，從而建立文化大中國而成為領導世界的助力。可惜，他們失敗在第二線的實踐上，無法、無暇把價值觀化為行為與行動，讓更多的人心口如一、言行如一以躬身實踐價值觀，讓價值觀也用在各種紛雜的決策裡，讓人看到了行為、行動、決策與「核心價值觀」隱隱然或轟轟然的連線，領導人的作為更是關鍵。

在美國政界與商界，乃至各行各業，總是致力於提升「價值」或「附加價值」，也總是看到各種信守、提升「價值觀」的人與事，有些組織或企業在實踐價值觀上更是卓然有成，令人肅然起敬。饒是如此，仍有許多專業領導人站出來大聲急呼，刻意提醒價值（value）與價值觀（values）的差異，也注意價值觀的實踐與養成，避免衰落。

美國企業為了提升「價值」或「附加價值」總是費盡心思，用盡技術及技能。後來，有些優秀企業發現，看起來軟趴趴的「價值觀」原來也可用成為硬梆梆的手段之一，用以協助提升金光閃閃般的企業「價值」。例如《平衡計分卡》（The Balanced Scorecard）、《追求卓越》（In Search Of Excellence）、《第五項修練》（The Fifth Discipline）等名著，都在教導企業人如何把價值觀化為手段（a means），以達成創造價值的目的（an end）。麥肯錫的 7S 模型也一直在輔導企業如此行，行了至少二、三十年了，還是很行。

　　把「價值觀」當成手段之一以求提升「價值」，在另一些管理專家的眼裡、心裡和手裡，還是不以為然。他們認為應該反其道而行，企業不應單以賺錢為目的，只重視替股東（shareholders）創造更大、最大價值——這確也是資本主義的本色——而應該要為主要的利害關係人（stakeholders）創造更多價值，這是新資本主義的未來。為了避免貪婪的資本主義走向衰亡，「價值」應成為手段或工具之一，以建立並達成新的共利社會的價值觀目的了。美國全食超市（Whole Food）以及許多轉型中的現代優秀企業正在如此行，很行，也在引發盛行。

　　然而，更美好世界中的優秀企業，更應該落實的是，以價值與價值觀互為手段與目的，而達成適當平衡的企業。那是價值觀效用的第三層級，讓我們拭目以待也盡力以赴。

　　在中文裡，我們不宜再用「價值」取代或包含「價值觀」的不同世界了。

　　在英語裡，分清 Value（價值）與 Values（價值觀）是基本要求。在優秀企業的運作裡，沒做到前者會被要求改善；沒做到後者，有時會被要求離職，甚至在聘任時一被發現就先被拒絕了。

　　底下，我想以國人比較疏忽的「價值觀」為主題，進一步闡述兩要點，亦即：

一、探索：價值觀的價值（The Value of Values）。

二、緊抱：核心價值觀（Core Values）。

一、探索：價值觀的價值（The Value of Values）

圖 0-1　價值不等於價值觀

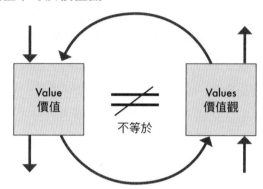

挑戰你，你能譯出下列在國際上日益盛行、關於 Value 與 Values 的敘述，並瞭解其中真義嗎？例如：

● 在聯合利華（Unilever）公司的官網上，開門見山寫著他們正在追求光明未來（The Bright Future），要做到："Sustainable Growth: Value + Values"。後句中，簡潔無比的四個英文單字，很多台灣人可能翻譯不出，更難明真意。別懷疑，他們是說要「藉由強化價值（Value）與價值觀（Values）以達成可持續性成長」。聯合利華是一家總部位於英國與荷蘭兩地的跨國消費品大公司，他們強調企業的成長不能犧牲了人類與地球。

● 英國倫敦大學在 2013 至 2016 年間連續主辦多場 "Values & Value 論壇"，討論主題是 "Values Beyond Value"，想在資本邏輯的背後看清還有什麼東西？資本主義討論的總是各種價值結構與投資，至於「背後」的 Values──在價值觀上，有何更長遠或深層意義嗎？

◉ 美國博思顧問公司（Booz & Company）出版的著名季刊《strategy + business》的 2011 年春季版中，有篇文章題目是：Values vs. Value，內容是關於「具有社會倫理意識的消費者所表現出的消費行為」；亦即，消費者在面臨價值觀對比價值時的掙扎與決策方向。

Rarely does the letter 's' make such a difference to meaning as in the difference in 'value' and 'values.'

極少見地，一個小小 s 字母會如在 value（價值）與 Values（價值觀）上造成如此大不同的意義。

——Matthew Cripps 教授，英國國民保健署 RightCare 計畫總監，2016.10.07

◉ 《哈佛商業評論》在 1991 年 1～2 月號中有篇描述企業翻轉故事的文章，篇名是：The Turnaround Value of Values。長文論述的是一位年輕卻很有經驗，曾當過多家企業 CEO 的作者，他如何因珍視公司歷史與「價值觀」而拯救公司於危難的精彩故事。

◉ 《strategy + business》季刊在 2005 年夏季也刊載了一篇論文，篇名是：The Value of Corporate Values，直譯是「企業價值觀的價值」。內容在論述大部份公司都相信，價值觀會影響企業至少兩個重要的策略領域：關係與信譽。他們還發現，績效頂尖的企業總是有意識地把價值觀連結上企業的各種作業。調研指出，有85%的受訪者認為，有 CEO 的公開支持，企業才能強化價值觀。

◉ 在現代許多管理論述中，我們常會看到諸如下述的相關題目：

◆ The Value of Social Values（社會價值觀的價值）

◆ The Value of Family Values（家庭價值觀的價值）

◆ The Value of Personal Values（個人價值觀的價值）

◆ The Value of Core Values（核心價值觀的價值）

◆ 或者，更簡單的敘述，如：The Value of Values──我們不應再迷惑了，這是要討論在各種價值觀裡，到底存在有甚麼價值？

◆ 或許你會喜歡 Joseph Batten 這句名言：Our value is the sum of our values.（我們的價值是我們的價值觀的總合）。當我們並不清楚我們自己的價值觀時，人生會因此而失色嗎？會的。

● 2018 年，歐洲文化行動聯盟出版了一集專輯，主題是：The Value and Values of Culture（文化的價值與價值觀）。在歐洲，Value 字體中，有否加 s，差異也很大。今年五月底，瑞典哥本哈根也有一場研討會，題目是：Value, values and religion in the contemporary world（當代世界中的價值、價值觀與宗教）。在現代國家裡，價值觀與宗教的關係是很密切的。

● 怎麼翻譯 "Why We Value Values?" 呢？簡單，是：「為什麼我們要珍視價值觀？」這時的 Value 是動詞，是重視、珍視的意思。所以，你也會常看到這樣的國際管理議題，如：

◆ Value Your Values（珍視你的價值觀）

◆ How Much Do You Value Your Values?（你有多珍視你的價值觀？）這已不是文字翻譯的問題了，而是一個嚴肅的人生課題。你還在以核心價值觀做妥協、做工具，去交換其他的利益與價值嗎？你有哪些核心價值觀其實是無價的、絕不妥協的？堅守核心價值觀，正是人生「有所為，有所不為」的實踐，讓人生更有意義。

●其他類似的論題還有如：

◆Value-based Leadership：領導力的發展是立基於價值，例如價值鏈、價值網、附加價值、價值銷售法…等等的開發與應用。Values-based Leadership 或 Values-driven Leadership 等有關領導力的論述，則是立基於各種價值觀的基礎與驅動方式。

◆Values-based Investment：是一種基於對該企業的核心價值觀的認同與否的投資法。有些企業獲利很高，但不夠誠實或不具社會意識，他們是不會去投資的。Value-based Investment 當然是以金錢價值上的計算或推算而決定是否投資了，但也顯然不是基於一時的股票價格，他們重視多重價值或長期價值。

◆Values-based Decision 是指決策是基於公司核心價值觀的考量，而 Value-based Decision 的決策則是基於各方價值的綜合結算及盈利數字上的分析評比了。

●最後，如果買書，也別買錯了主題。更多的書是討論 Value（價值）的，如價值鏈、價值網、附加價值、價值創造……較少討論 Values（價值觀）的。

◆印度作家 Swami Dayananda Saraswati 在 2007 年寫了一本《The Value of Values》，論述了印度人十幾個價值觀的真正價值所在。要進軍印度，得先認識印度人，這是不可不讀的一冊好書。

◆美國人 Lisa Huetteman 在 2012 年寫了《The Value of Core Values》，討論經由 Values-centered 而建立領導力的五個成功關鍵。這本書以許多中小企業實例為個案而撰寫，很有實務上的參考價值。本書附錄部分推薦許多有關 Values 的書都值得有識者品讀應用。

◆ 在麥肯錫顧問公司國際團隊管理專家 Douglas Smith 的名著《On Value and Values》裡，則是很不耐煩地挑戰有些美國人為何還常把 Value 與 Values 混用在一起；更不耐煩地批評另一批人居然把 Values 當作手段之一，用以創造 Value；他點名名著如《追求卓越》與《平衡計分卡》。他認為在進步社會中，Value 反而應該變成一種追求 Values 的手段之一。但，他最後的結論是，Value 與 Values 應達成平衡應用並互為手段與目的，共同成為邁向更文明世界的助力。

We need to learn how to be both a means and an end, need to insist our organization reflect an ethics of both value and values.

我們需要學習如何同時成為一種手段與一種目的，我們需要堅持讓我們的組織同時反映出兼具價值與價值觀的倫理。

——道格·史密斯（Douglas K. Smith），社會觀察家 / 麥肯錫前顧問

二、緊抱：核心價值觀（Core Values）

價值觀有很多種類與分級，最簡單而常見的分法是，核心的價值觀（core values）與非核心了。核心的意義至少有二，其一是中心與重心，是所有理念與活動的中心與基礎；其二是，不變的，是要信守十年、幾十年，甚至百年的。另一種非核心的，有人又稱之為營運或作業價值觀（operational values），是基於較短期也有其更針對性而建立的價值觀，希望是在團隊成員裡有共識、共建，並共守，因此而形成共同行為守則，以期更有效地達成共同目標或目的；或者，與其他公司更形成差異化的，故有人也稱差異化價值觀

（differenciating values）。

核心價值觀，有團隊共守的，也有個人信守的；國內國外史上都有許多有關擁抱、守護核心價值觀的故事，在在激勵人心。

我曾在江蘇揚州欣賞過「揚州八怪」之一鄭板橋的畫作，其中一幅竹石畫中一首詩更令人一望難忘，說不定你也喜歡，原詩如下，原作則寫得龍飛鳳舞：

咬定青山不放鬆，立根原在亂崖中；
千磨萬擊還堅勁，任爾東西南北風。

彷彿間，你看見了一向被中國文人視為高風亮節的竹子，成長在亂崖破石中，堅毅挺立；更在狂風暴雨中，隨風雨而舞、而不為所曲折的樣子。

還記得高中時代唸的南宋文天祥的正氣歌嗎？許多名句，我總是可以隨心背誦而出：

天地有正氣，雜然賦流形。下則為河嶽，上則為日星。
於人曰浩然，沛乎塞蒼冥。皇路當清夷，含和吐明庭。
時窮節乃見，一一垂丹青。

文天祥在正氣歌中隨後列舉了十幾件真人實事，說明了這股人間「浩然正氣」在亂世時尤其突顯，更在歷史中留名。

我想談談這個正氣或「氣」。

養「氣」最早是孟子說的，他說：「吾善養吾浩然之氣」。「氣」

是一種基本理念、一種信念、一種精神性的正氣。中國古人想像力豐盛，這種氣還可以化育凝成天上的日月星辰，地上的大地山河，以及人間的浩然正氣。連甲骨文中的「氣」都有深旨。

我認為文天祥的人間浩然正氣是這樣養成的：他善用他所具有的天賦個性，有很強的自覺與反省力，在經過家庭及少時與教育漫長成長，與為官歷練後，去蕪存菁，有感而發，形成了很堅強的信念。這些信念進而發展成為行為與行動，他堅定無比地要藉以達成他的目標、目的與人生意義。而這一路過程，正如一股氣、一股浩然正氣，呼嘯而過成就了一個民族英雄的一生。

「氣」的甲骨文圖

可惜，我們現代人不願或不善養氣，覺得氣太虛幻不實。古人講的氣、正氣、浩然正氣，與洋人講的價值觀、核心價值觀其實是相近的。文天祥堅守的核心價值觀大約是：忠誠、愛國、道義等。他拒絕高官厚祿的誘惑，至死不渝；現代人讀來仍是動容與汗顏。或是他太重視價值觀，而輕忽了價值嗎？

現代人有利多了，不必捉摸揣摩什麼是正氣；把三、五項很具體的核心價值觀想清楚、說明白、奉行到底就是了。本書就是從這角度出發，想更有效地幫助讀者，不一定成為民族英雄，至少成為自己的英雄。

但，請記得，英文裡 Values 與 Value 不同，中文裡「價值觀」與「價值」也不同。就別把「核心價值觀」，減字用成「核心價值」了；就像別把「正氣」講成「止氣」了。讓我們先從名詞上先脫離價值觀迷亂的時代。

分享孔子與子路一段精彩的對談故事。

子路是孔子十大弟子之一，他只小孔子九歲，所以有時對話也不免沒大沒小的。子路喜歡也擅長政事，有一天，他問孔子：如果有位國君要請你去治理國政，你要優先處理什麼事？這是一個好問題——國事如麻，從何下手？

孔子卻說：「必也正名乎。」

子路當下不以為然，居然直接頂撞，他說：「這樣太迂闊了吧？有什麼好正名的！」

孔子當時已六十四歲，「六十而耳順」，但老人家還是耳不太順。他動了氣，當場開罵子路，說：「你太魯莽了，君子對於不懂的事，應保守言語，不要信口開河。」然後，孔子不愧為大師，一口氣講了下面這段大道理：

名不正，則言不順；言不順，則事不成；事不成，則禮樂不興；禮樂不興，則刑罰不中；刑罰不中，則民無所措手足。

意思是：如果名不正，那麼說起來就不順理，說來不順理，辦事就不能成；辦事不能成，那麼禮樂教化就無法復興，禮樂教化無法復興，那麼賞罰就會失當，賞罰不得當，那麼人民就惶惶然無所適從。

故，孔子論理時，從名不正，言不順，到人民惶惶然無所適從，一氣呵成，一線相連般地脈絡清晰、一路相承。我赫然發現，孔子後兩千五百年的現代台灣也犯了相同的病：各行各業各界對於價值觀與價值的定義與定位，正是不正不當，後來則是一步一步地導致人民與員工無所適從了。

正本清源，還是別讓濃濃金錢味的「價值」，取代或包含高高品格風的「價值觀」了。鼓勵人民或員工或自己努力追求價值時別忘了價值觀的主流，兩者不能成為混流；而且，行走國際社會，更不能混。

下面共有八章，有許多故事要分享，期盼讀者在深入認識與應用價值觀的旅程中也能建立起強壯的「價值觀領導力」，領導他人也領導自己。

在緒論中，我用一張表，希望讀者一眼看完這本書的內容，在閱讀與批判時，也希望讀者循序以進，從頭起一章一章地讀；從正名開始，最後是「手足有措」，更且，在未來人生與事業上，舉手投足之間，目光遠大、信心十足。

價值觀 —— 從古代到現代，從國外到國內，從國家到個人，都是個重要議題；在現代國際管理世界中，是越來越重要了。

It' s not hard to make decisions when you know what your values are.

當你知道你的價值觀是什麼後，做決策就不會那麼難了。

——洛伊・迪士尼（Roy E. Disney）

Roy Disney 是美國迪士尼公司長期董事，也是迪士尼卡通動畫影片的重建者。他被傳誦的是：「堅定地忠於原則，敢於做出人生常有而必要的艱難決定；他是個高尚、謙虛的紳仕。」

第 **1** 章
挑戰你在價值、價值觀、
價格與無價上的看法

Value focuses outside; values come from within.

Value emphasizes what others get from our efforts; values emphasie who
we are.

價值聚焦在外面，價值觀則來自內在。

價值注重他人因我們的努力而收穫的，而價值觀注重的是：我們是
誰。

——戴夫・尤利奇（Dave Ulrich），
RBL 集團創立人，美國密西根大學著名教授，著作等身。

圖 1-1 「價值」與「價值觀」的平衡經營

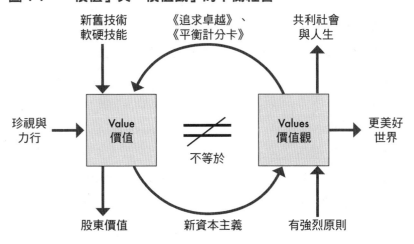

在圖 1-1 中，首先映入眼簾的應該是「價值」。企業與人生的目標原本就是在不斷創造價值，在這創造價值的努力中，我們運用了各種技術——新的、舊的，也運用了各種技能——硬的、軟的，就是要達標致果。創造出價值後，還會再想增加功能附加或意義附加的「附加價值」（value added）；賺到錢後，還想賺更多的錢。

曾經遊走美國三大汽車公司，都當過副董事長或總裁的 Bob Lutz 有次在接受訪談時說：「經營企業的目的不是在賺錢。」聽眾聽後大驚，主持人又問，那目的在哪？他才說，是在「賺更多的錢」。

於是，許多人用盡各種手段——甚至不擇手段——來賺更多的錢，他們還說過 Greed is great——貪婪是偉大的，貪婪是社會進步的動力。後來，華爾街陸續發生許多問題，這些高談闊論終於停息。其實，許多高瞻遠矚的企業領導人們早就發現企業要成就卓越，經營永續，一定要訂出並守住核心價值觀，要有所為有所不為，而且企業史早有明證。於是，「價值觀」也成為追求「價值」的手段或工具之一，用以追求「價值」這個目的。

這些論述正是《追求卓越》與《平衡計分卡》等名著積極提倡的，也讓許多企業著手實踐企業的核心價值觀，追求卓越。但是，更多的企業與領導人，仍然無視於企業乃至個人價值觀，繼續不擇手段地追逐「價值」，但求勉強遵循最後防線的法規。

在那些優秀的領導人中，他們的確也是在努力追求價值，尤其聚焦的是股東價值（stockholders value）。這是資本主義基本的立論基礎，企業一定要取得並有效運作更多資本才能創造更大價值，資本主義也確實因此在過去幾個世代中為人類創造了巨大的進步與福

利。現在，新資本主義興起了，他們不只要創造股東價值，也要照顧相關的主要的「利害關係人價值」（stakeholders value），這個利害關係人包含了員工、顧客、供應商、投資者、社區、社會、政府等，他們擇其主要者，分出先後重要次序，也為他們一起創造價值；於是，在企業內部形成了一種共享價值觀；於是，價值又變成了手段之一，要用來創造更強更好的價值觀，亦即，創造「利害關係人價值」；這時，價值觀又成為一種目的了。

約翰‧馬凱（John Mackey）在德州首府奧斯丁城創業後，歷經千辛萬苦，也受到客戶鼎力幫助，終於在德州站立，後來在全美屹立。在 2013 年時，他寫就巨著《品格致勝》（Conscious Capitalism，直譯為「清醒的資本主義」），書中詳述了他們的核心價值觀，是要為主要的「利害關係人」（不是只有股票持有人）創造價值。這種追求更高的宗旨與意義，並且以價值觀為中心（values-centered）的企業，開始對現代企業經營形成更大衝擊。

一位天才型的 MIT 教授兼許多國際大企業領導人顧問的寇夫曼（Fred Kofman），更早在 2006 年撰述《清醒的企業》（Conscious Business）一書，書的副標題是：How to Build Value Through Values——亦即，如何經由價值觀而創造價值。

這種已清醒或清醒中的企業，以創造利害關係人的價值為企業核心價值觀，已是越來越多，另有如西南航空、UPS、好市多、Google、亞馬遜都是，還有印度人的 Tata，還有台裔美籍謝家華（Tony Hsieh）在美創立的 Zappos（捷步）亦屬之。謝家華重視員工價值、社區價值、客戶價值，對待供應商有如客戶，早已成為美國典範；雖然後來被亞馬遜收購，公司仍是依謝家華模式由謝家華

親自在經營。

圖 1-1 中，傳達了兩個很清晰的概念：其一，價值（value）與價值觀（values）是不同的，不管在中文或英文上，不宜再混在一起糾纏不清。其二，價值與價值觀兩者，互為工具（a means）與目的（an end），在進入未來文明中一定是平衡應用，不宜「非此即彼」，形成偏廢其一的偏激經營了。

由價值往價值觀的經營，有人又稱是企業是在 doing good by doing well（財務良好後，要做公益上的大好）；而由價值觀往價值方向的經營，則是 doing well by doing good（做公益大好後，財務上才能更好）。卓越企業做好經濟價值（doing well），也為社會大我做好更大的好（doing good），社會（包含員工與環境）是企業經營的好夥伴，如果我們夠認真、夠仔細、夠長遠地想想，就很清楚了。

讓我們從個人到企業、到社會，共創平衡的價值與價值觀經營，共創更美好未來。

價值觀的「價值」（The value of values），簡言之，即是導引個人、企業與社會走上更美好的未來世界。

1-1 價格 vs. 價值：有公式推算

圖 1-2　「價值」與「價格」的公式推算

$$(\text{Perceived}) \textbf{ Value} = (\text{Perceived}) \textbf{ Benefits} - (\text{Perceived}) \textbf{ Sacrifices}$$

（感受到的）**價　值** ＝（感受到的）**利　　益** －（感受到的）**犧　　牲**

> 當你越是聚焦在產品或服務的「價值」上，「價格」就變得越不重要了。
>
> ——博恩・崔西（Brian Tracy），著名行銷顧問

在許多價格廝殺的市場裡，你看到價格背後的價值嗎？在價值的深層分析裡，你遇見過價值觀嗎？古往今來、人來人往中，你也發掘過價值觀背後的「無價」嗎？這裡有一些你耳熟能詳的故事，例如：

✺「不自由，毋寧死」（Give me liberty, or give me death!）
這是十八世紀美國政治家派屈克・亨利在美國建國時期倡導獨立革命時的講話，慷慨激昂振奮人心，他是一位卓越領導人，後來

還當了兩次州長。為了爭取「自由」這種價值觀，他認為其他事都沒有再高價值了，寧願死去，更別談什麼價格了。

● 「生命誠可貴，愛情價更高；若為自由故，兩者皆可拋。」

這是匈牙利愛國詩人裴多菲的詩，他是民族解放運動的積極參與者。他認為愛情的價值比生命更高，故可以為愛而犧牲生命；但「自由」的價值又高於一切。他說到做到，在一次革命作戰中陣亡了，才二十六歲。他把生命、愛情、自由三種價值觀做了重要次序的比較，選擇了自由，並付諸實踐。

● 還有，現代最簡單、最通用的問題：愛情與麵包哪個重要？我在想，現代人何其有幸，絕大部份人兩者皆可兼得，不必偏廢；好好溝通，不必餓死，而且兼得美妙愛情，會相得益彰的，但得注意兩方發展。別為了麵包，輕賤愛情。

價值與價格有甚麼關係？

英國詩人王爾德說：「現代人知道每種東西的價格，但不知任何東西的價值。」（Nowaday people knows the price of everything, but the value of nothing.）後來，「現代人」常又被替換成憤世嫉俗的人，甚至是「愚蠢的人」。

價格（price）的白話意義如：「這東西要賣多少錢？」文謅謅的牛津字典的定義是：「為了換取某種物品或服務時，一個被期待的、被要求的，或被給出的金錢數目。」市場上，賣家光是靠定價與降價的策略，就把買家耍得團團轉。記得嗎？在日常生活中，我們總是在降價活動裡沾沾自喜地買了許多沒用的東西，還是滿心歡喜——心想是賺到了，不賺白不賺，這也是大時代下的小確幸。

是不是賺到？這是買家一種心理上感受（perception），也是一種所得利益（benefit）的計算，中間有很大的操作空間的。花出去的錢（含價格），有去無回，是一種犧牲（sacrifice）；有沒有賺到？就成了一種廣義的價值計算了。

巴菲特（Warren Buffett）最常被傳頌的一句話是：「價格，是你所付出的；價值，是你所獲得的。」（Price is what you pay. Value is what you get.）準此，價值至少代表兩種意義，其一是，值多少？實質上與心理上的收穫都要算算；其二是，值得嗎？這裡常就又有了「效率」與本益比上的考量了。

我們先談「值多少？」，跟你分享我以前當業務做銷售時，必學必用的一個數學公式：

價值（Value）＝利益（Benefits）－犧牲（Sacrifices）

首先，公式中的三個詞，都是指對方感受到的，不是你認為的或你設定的。在公式中，利益（Benefits）含有的內容，包括如：

● 功能上的：品質良好，達成了希望的效能嗎？
● 服務上的：有足夠的協助，甚至有否附加服務嗎？
● 關係上的：相關人員能保持良善關係嗎？
● 形象上的：公司與產品有美好的品牌聲譽嗎？

也許，我們總是特別重視第一項的產品品質功能，對於其他項沒有特別意識到，但它們確實是在意識中強烈運作著。IBM 深諳

此道，所以他們廣告上曾說：沒有人因為買了 IBM 產品而被免職，他們是在刻意經營「形象上」你會得到的利益。

而在犧牲（Sacrifices）上，它可能的內涵有如：

● 在金錢上的：如「價格」頗高，花太多錢了嗎？
● 在時間上的：折騰好多時間才買到嗎？
● 在體力上的：花了不少勁，奔波不已，尚未買足？
● 在心理上的：安全嗎？合法嗎？總是感到絲絲不安？

　　也許，我們太多掛慮在第一項的價格，無暇注意到其他項也總讓你忐忑不安，甚至憤憤不平。杜邦業務員會說，我們的產品價格確實偏高，但絕對品質優良、安全可靠，加上長期售後服務，你買後可以安穩睡覺；還有，你的採購沒有拿我們業務的錢，因為我們不會給的。

　　有時候，感受到的價值不只是單純的加加減減，而是乘乘除除的，如計算本益比般的「值得嗎？」，也如算效率般的是，「值得嗎」？所以，你可以在許多論述裡發現，計算價值不是用減法的利益減去犧牲，而是利益除以犧牲；要讓價值更快最大化，就是讓犧牲最小化，這成就了許多商場長期成功的好方法。

　　如果，我們要附加更大或更多的價值，各行各業是有其不同項目去應對顧客不同的訴求。貝恩（Bain）顧問公司兩位顧問曾在《哈佛商業評論》2016 年 9 月刊上有一篇精彩論述，他們整合了利益與犧牲兩項要素，而將影響價值的元素總結成三十項，並依著名心理學家馬斯洛的人類需求五階層，創造出他們的四階層「顧客價值」金字塔。我舉其重要者繪圖如下，請你參考。

圖 1-3 「顧客價值」4階層金字塔 （取自《哈佛商業評論》2016年9月）

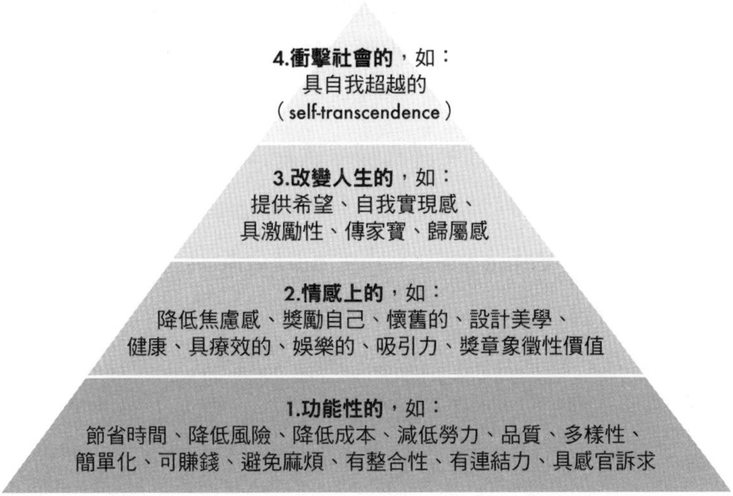

4.衝擊社會的，如：
具自我超越的
（self-transcendence）

3.改變人生的，如：
提供希望、自我實現感、
具激勵性、傳家寶、歸屬感

2.情感上的，如：
降低焦慮感、獎勵自己、懷舊的、設計美學、
健康、具療效的、娛樂的、吸引力、獎章象徵性價值

1.功能性的，如：
節省時間、降低風險、降低成本、減低勞力、品質、多樣性、
簡單化、可賺錢、避免麻煩、有整合性、有連結力、具感官訴求

　　這二、三十種「價值元素」是以人類需求為經，以人類意識為緯，不論種族與世代，據以推論出人類化成行為與行動力的基礎。這些元素不只有高低層次之分，依各行各業也有不同的訴求。在商場上，許多公司都會找出約五個最影響他們顧客忠誠度的「價值元素」，然後，幫助自己企業做成：

● 顧客價值宣言（customer value proposition）
● 附加價值（value added）

　　這都是要在價值之上再附加或提升價值，但是，在價值的深入分析裡，你注意到人類價值觀在影響的影子嗎？

　　有人說，專家是把簡單問題弄成複雜的人。誠哉斯言，例如，我原先只是想儘量用低價買枝鐵槌回家釘釘子，現在卻高價買了一隻鐵鎚，還想當成傳家之寶，也得到了好多條有關鐵鎚在傳道、解惑的儆世警語。

　　對生活乃至人生，你很認真嗎？請翻譯這句英文：

Value your value and values.

　　說的正是：珍視你的「價值」與「價值觀」。還記得王爾德那句話嗎——愚蠢的人知道每種東西的價格，但不知任何東西的價值？或，如圖 1-3 中，只在計較第 1 階的功能性價值，沒想過第 2、3、4 階裡更含有的價值觀？

Differentiate with value or die with price.

在價值觀做差異化，否則死在價格戰裡。

—— 傑佛瑞・基特瑪（Jeffrey Gitomer），美國行銷專家 / 作家

1-2 價值 vs. 價值觀：勿混為一談

Leaders make values visible.

領導人讓價值觀清晰可視。

——馬歇爾・葛史密斯（Marshall Goldsmith），知名 CEO 教練

如果有人問起：誠信一斤又值多少錢？你會緊張嗎？或問：為小小誠信，如此受苦受難，值得嗎？或者，你覺得還要看狀況嗎？

Value 這個英文字有多重意義，當成動詞時，它是尊重、重視、珍視、珍愛之意；另一意則是估價、評價。做為名詞時，意義也不少，如價值或價格、好處或重要性、等值或等價物，數值、數字，又如音符長度，色彩明暗度；當加個 s 變成如複數型時，又變成價值觀、價值準則 —— 當人們在認真討論「價值觀」時，人們的價值觀總是成套、成組地出現；但，沒有人在 values 之後再加 es 而成為複數的。如果，你確定只是在談論一個價值觀時，那麼一般論文上，還是以 value 來表示價值觀的。

在中文上，名詞的重點總是在最後的那個字上，前面的字常只是形容詞用的，所以，價值總是談值多少？多少錢？多少數字？總是希望可以計算或估算出來。價值觀則是一種觀念、理念、信念，

51

不算數值或數字的，但，可以估出「當值」，可以互比出重要次序，有時甚至是「無價」（invaluable）的。古往今來，國內國外，多少英雄人物為了守住他們的「價值觀」，而犧牲家產、寶物，乃至生命都在所不惜的。大義凜然，令人肅然起敬，而「大義」裡就有它無價的價值觀在內。

商業字典（BusinessDictionary）裡，對 values 的定義是這樣的：

> 一套重要而持久的信念（beliefs）或理念（ideals），是被同一個文化裡的成員們所共享的，是關於什麼是好的、不好的；什麼是值得擁有，或不值得擁有的信念或理念。價值觀對一個人的行為與態度具有很大的影響力，並且在各種環境與遭遇中，都會成為一種概括性的行事準則。某些常用的商業價值觀有如：公平、創新、誠信。

麥肯錫前顧問史密斯（Douglas K. Smith）是國際團隊管理及社會觀察專家，他寫的《On Value and Values》一書中，更力主單數的 value 已不被意會成複數 values 的子集合了，也不是其內的一部份了。他說：「Value 與 Values 不同，已經宛如鹿與蝦分屬於不同生物種中。」Values 不是用值錢（worth）來計量，而是用值得（worthwhileness）來計量，通常不涉及金錢，總是涉及一種不受時效影響的、長時的、乃至永恆的評價；涉及的是人與人、與神、與靈、與大自然相處之道。

Values（價值觀）與 Value（價值）已然涇渭分明，但應用時仍需相容並蓄，這已是專業管理所旨，也是國際大勢所趨。在買書

時、在參加國際研討會時、在申論論點時、在運作企業文化時，別再有意或無意在兩者之間弄混作偏了。

只追求「價值」而不在乎「價值觀」的人，對我而言像是希臘神話中，人身牛頭的怪物──麥那托（Minotaur）。

——道格‧史密斯（Douglas K. Smith），社會觀察家 / 麥肯錫前顧問

國人習焉不察，朗朗上口，以「核心價值」取代「核心價值觀」，已經造成了很大的誤解、誤用、乃至傷害，在政治上尤然。例如，幾年前，我曾在台灣電視的政論節目上看到一位知名大學的名教授侃侃而談，對一位市長候選人提出建言，他說，其實誠信也不是唯一的「核心價值」，還有其他的，也都很重要，一起拿出來算一算、比一比，「評比後也不一定要誠信嘛！」語氣中透著濃濃的無奈感。這段無奈中的評語，放諸世界都應是驚世駭俗的。價值觀確是在比較個人的優先次序與重要性，但如此這般輕易放棄誠信，真匪夷所思，應與國內長期把「價值觀」價值化有關。

「核心價值觀」被簡稱「核心價值」後，常不知不覺地要比「價值」──攤開價碼比個高下，或化成等值物，再比個高下，評比高的就自然成了最後抉擇？這中間充滿了政治上一時的權衡、算計、妥協、交易，絕對不是「核心價值觀」的本質。

政治上也重用價值觀嗎？是的。二戰末期的美國總統杜魯門曾大聲說過：我是用價值觀與信念來管理國家的。他如美國總統雷根與歐巴馬、德國總理梅克爾、英國柴契爾、印度甘地等等許多國際政治領袖，都公開倡議、守護人類與他們的個人價值觀。

　　柯林斯（Jim Collins）在他的長銷名著《基業長青》中公布了他的研究，發現長青的百年企業總是都有他們數個堅守不懈的「核心價值觀」，如：

● 總是不會超過五～六個
● 必須是發自內心的熱忱擁護
● 必須經得起時間的考驗：「如果情勢改變，因此而受苦受難，仍要堅持嗎？」
● 能毫不遲疑，堅決地改變任何不符合「核心價值觀」的事與物。
● 不需合乎理性，或獲得外部肯定。
● 不是模仿或借用，不是取悅政府或財團。

　　既然是談「價值觀」，就是比觀念、比原則、比重要性，不要再與「價值」相混淆了。價值比的是價多少、值多少、值不值，但有許多價值觀不只價值連城，千百年前與千百年後都是無價的──例如：誠信、合作、信任。

　　既然是談「核心」價值觀，就不要隨意變來變去，「核心」談的是長期。多長？十幾年，或幾十年都有，也有過去千百年不變的人類核心價值觀──是屬於「人類」的，包含各種族的。

　　核心價值觀可能用在個人上，可能用在國家上、企業與組織上。如果你經常違逆個人價值觀，你會喪失信用度、領導力，乃至生命力；如果你違逆了一家百年企業或立志百年的企業的核心價值觀，你有可能一次就會被開除，不管你職位有多高或多重要，這些企業如杜邦、HP、TI 或阿里巴巴。

在國家級的核心價值觀的建立與實踐上,我們來看看新加坡。

1991 年 1 月,新加坡國會正式批准了〈共同價值觀白皮書〉。於是,政府提出了各種族、各宗教信仰的人都能接受,也是政府想要擁有的五個共同價值觀:國家至上,社會為先;家庭為根,社會為本;社會關懷,尊重個人;協商共識,避免衝突;種族和諧,宗教寬容。然後,新加坡政府非常認真地全國上下推動實踐這五個共同價值觀,要走向他們所稱的「一個種族,一個國家,一個新加坡」。

二十幾年來,新加坡政府身體力行,大力推動,融合了各種族,構建了全國一致的價值觀取向與國家認同。他們的建國元勛之一拉惹勒南在李光耀六十歲生日宴上,這樣讚嘆李光耀:

> 他的最大成就不是使新加坡成為獨立國家,而是成功改造了新加坡人的思想和性格。在短暫的時間內,就成為絕不退縮的新加坡人,致力於達成新加坡種族的一體化和認同感。

除了軟文化外,新加坡的其他各項硬成就,就有目共睹了。

總結來說,在「價值 vs. 價值觀」的世界裡,我們常因偏廢而迷失,今後之務當然就是架接起來,而且走入雙向道。下面分享三個國際級論點:

● 讓我們重新開始,在我們真實生活著的市場上、網絡裡、組織／企業內、家庭裡,乃至朋友間,重新再連接起價值與價值觀,別讓兩者間的分離越來越大。不然,這個世界會越來越粗鄙與危險。

● 我們需要學習怎樣把價值與價值觀同時做為一種手段與目的，也堅定地讓我們的組織能同時反映出價值與價值觀的倫理。

● 不論是缺乏價值的價值觀（value-less values），或是缺乏價值觀的價值（values-less value），都不值得我們再重視，這是大家都知道的真問題，但別再沒人提及。

　　這三點論述其實是世界性的，在國內，我們還有更要緊的前提，那就是認清：價值（value）與價值觀（values）是兩碼子事，別再混在一起了。

　　我行走並閱讀這世界的印象是，在中文世界裡，把價值與價值觀混用的台灣人高達一半以上，中國人、馬來人、新加坡人則不到一成，但，可能是受到台灣人影響，這一成中文人正提升。在英文世界裡，混用 Value 與 Values 的洋人應是遠遠不足一成了。

Strategies for creating value depended upon employees empowered by the values of the organization.

可以用來創造「價值」的各種組織策略，要依靠的是：被組織的「價值觀」所賦權的員工們。

　　　　　　　　——道格‧史密斯（Douglas K. Smith），社會觀察家／麥肯錫前顧問

1-3 「這樣做，值得嗎？」：論及價值觀與願景嗎？

Wise are those who learn that the bottom line doesn't always have to be their top priority.

那些學會不要總是把財務底線當成最優先考慮的人，才是聰明人。

——威廉·沃德（William A. Ward），美國作家

　　台商在中國開工廠或經商，在一段時間後，常自嘆或被苦勸：「這樣辛苦工作，是做心酸的嗎？」意思是，經過了好一陣子的打拼，現在成效仍不彰，還是賺錢不足，甚至已在賠錢。回首前塵，也看了看前程，感到努力與投資都不值，一陣心酸，有了不如歸去之意。

　　「這樣做，值得嗎？」這樣一句話讓我想小題大做，做個較全面的發散分析，然後再收縮做個結論。

　　首先，我們回到本章 1-1 節的價值公式上，這公式是這樣的：

價值 ＝ 利益 － 犧牲

Value = Benefits － Sacrifices

　　三個因素都是指當事人真正有感的（perceived），不能只是外人「想當然耳」式的設想。

　　所以，台商覺得「有價值嗎？」（台語）乃至「值得嗎？」就取決於利益與犧牲兩個因素。先談「犧牲」，犧牲還真蠻大的，首先是公司內的各種營運成本與投資成本，再加稅賦成本，每項成本壓力常壓得無法透氣，看看未來還有增無減。再來是心理壓力，如離鄉背井在異地工作、他國打拼缺乏保障、不安環境下的勞心勞力……這些風險與心理壓力，雖一時算不出數值上的成本，但每人心中都有一把尺，也點滴在心頭。總的來說，在金錢成本上、在時間、在體力、在心理上都有很大的犧牲，綜合成了機會成本——想到在其他地方，會有更好的機會嗎？於是，興起不如歸去或另謀他途的念頭。

　　在利益上呢？首先，當然是營收了。除營收外還有其他收成嗎？如，聲名、經驗、社會公利，及在利害關係人上創造的利益嗎？

　　所以，在經過計算機計算與心中那把尺丈量後，結論是：「價值不足」，「做心酸的」。盈利不足，但成本太大，其他犧牲也太大了。

　　如果這樣做，不值得，那就收了認了，問題也不大。令人擔心的是，盈利頗豐，但潛在風險也大——這時的問題又是「有價值，沒有價值觀」，在公司營運上缺乏有力的價值觀在支持，例如：

●缺乏「安全」的價值觀。在營運上冒險賭運氣，失常失火事件在所難免。萬一釀大了，足以毀掉一生投資，還可能身繫囹圄。你想過嗎？大部份的華人，安全意識很低，出事與否常只是在賭或然率與運氣。

● 缺乏「誠信」的價值觀。在時間、成本，與成果的壓力下，難免常在灰色地帶經營，也不知不覺中越陷越深，由灰而黑，出事的風險也越來越大。價值觀會幫助人們在為人處事與經營公司時回到「原則」上，不致唯「利」是圖。

● 缺乏「信任」的價值觀。員工間與主管間互尊互信都不足，沒有努力建立互信的環境，還滋生猜疑與傾軋，原就被信任不足，再加上自信不足，又加上不願意主動信任，工作環境裡充滿心理不安感，如再加上大目標、大策略不明確，風險就處處了。

● 缺乏「環保」的價值觀。眼光看遠看大時，你會發現「環境」是你的生意「合夥人」，是可以幫助你更成功的。這些「合夥人」就是統稱的利害關係人 —— 跟你的利害都會在或遠或近發生關係的人；看更遠些，連「地球」都是 ——「永續發展」並不是要自己公司好活歹活地永久繼續活下去（ever-lasting），而是指要有效率、有效果地經營，讓地球資源可以有效地支撐你持續發展下去，故又稱可持續性（sustainable）發展。地球如果要被毀滅了，假使有更高智慧的外星人，他們會出手幫助嗎？不會吧！但，想一想，也可能會，因為地球也是他們宇宙運作上的一個「利害關係者」。

Don't judge each day by the harvest you reap but by the seeds that you plant.

不要以收成量來衡量你的每一天，要以播下的種子來衡量。

——羅伯特·史蒂文森（Robert L. Stevenson），蘇格蘭作家

好了，別靠外星人了。自己的地球自己救，自己的公司自己救，自己本人也是自己救。在自己本來唯「利」是圖的「價值」目標的背後看到了「價值觀」，讓「價值觀」與「價值」互為手段與目的，聯手經營，或許人生會更值得？

在「價值公式」的「犧牲」端談多了，難免洩氣或自怨自艾。我們現在看看另一端的「利益」——利益除了賺大錢的自利外，可有一些「共利」或「公利」嗎？例如：

● 對員工、對客戶、對社區、對社會，其實是有多方幫助的。我們發現了他們的感謝之情？

● 對國家的貢獻乃至對地球的貢獻——別笑；越來越多的年輕一代，很認同這點的。

● 公司產品或服務良好，公司聲譽日高——社會認同，有「走路有風」的驕傲感嗎？不是財大氣粗那種。

● 對自己的大未來或願景，或難以啟齒的「夢」是有助益嗎？現在學到的經驗與教訓都在完成未來人生大夢——不是「南柯一夢」，而是「美夢終成真」那種，是西方人又稱的「願景經營」那種——人生如果沒有夢想，就真的不值一活了。

撩起也燎起你的夢，然後走入這趟旅程：夢→願景（vision）→長程目標→策略→中程目標→短程目標→每週、每日目標。那麼，連上願景的每日工作，還是蠻有意義的。

或許，你在短程目標上失敗了，興起了「這樣做，值得嗎？」

的倦意。你估算本益比，發現不值得，但要不要再算算人生的本夢比，說不定會發現：很值得。而從自利到共利所涉及的**價值觀**，正是最高等級的**價值觀**，是現在世界上許多企業與領導人正在追求的。

你想過嗎？當今仍存在的許多百年企業，他們在百年前就已經在實踐那些共利、公利型價值觀了。

「這樣做，值得嗎？」

想起價值（value），或許讓你氣短；

談起價值觀（values），氣開始增長？

想起願景（vision），氣象一新，氣勢更揚！

尼采說：「受苦的人，沒有悲觀的權利。」現代人發現，領導人，沒有悲觀的權利。就讓三個 V（Value + Values + Vision），幫助你迎向人生更大的勝利（Victory）。

追求價值，讓我們更為富有；追求價值觀，讓我們成就人性，人生更富有。

A business that makes nothing but money is a poor business.

一個只會賺錢的事業，是一個可憐的事業。

——亨利‧福特（Henry Ford），福特汽車創立人

第 2 章
挑戰你在道德、倫理、價值觀，與法律上的看法

　　美國著名心理學家柯爾柏格（Lawrence Kohlberg）是道德發展層級論的專家，他把道德的發展分成了六個層級，下圖描述並分析其義。

圖 2-1　柯爾伯格的道德發展六個層級

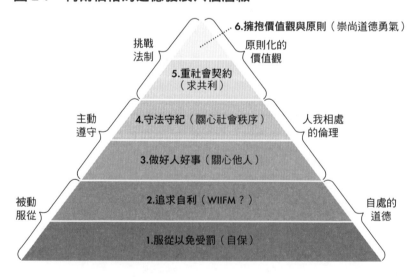

　　由最底層的服從的道德開始發展，到論理的倫理，到有原則的價值觀與共有價值觀；至於最高層的擁抱價值觀與原則以挑戰法制的，已很少人能達到了。

　　哈佛大學「道德認識實驗室」主任格林（Joshua Greene）在他寫的《道德部落》（Moral Tribes）書裡，則分成了道德與後設道德，他說：

> 個人因自私自利，未能將「我們」的利益放在「我」的利益之前，而形成了人類福祉最早的悲劇，道德（morality）是大自然為此提出的解決方案；但，促成「我們」內部合作的道德思考，卻又阻礙了「我們」與「他們」之間的合作，又形成了現代新的悲劇；於是，後設道德（metamorality）成了可行解決方案。

　　所以，道德讓原本自私自利的「我」可以在「我們」裡面，自然地合作愉快，但「我們」要與其他許多的「他們」合作，就不是自然的解決方案了，需要更高層次的後設道德，而共同價值觀正是其中重要機制。

2-1 道德與後設道德（metamorals）的必然發展

一個人如果重視他的特權超過他的原則，那麼他會很快地同時喪失特權與原則。

——德懷特·艾森豪（Dwight Eisenhower），美國前總統

讓我們先從普通常識說起。什麼是道德？什麼又是倫理？

道德（morals）源自拉丁文 mores 或 mos，亦即 custom（風俗）之意，說明規範是傳統風俗習慣、約定俗成的，成了社會運作的底線，例如不可殺人越貨；道德也進而塑造了良善人格，例如要尊老愛幼。道德是外在、外來的，是一種幫助行為與行動的外在規範。拉丁文的 mores 是常與秩序、安排等連在一起的，其中未必有判斷與考量的因素存在。

倫理（ethics）源自希臘文的 ethos 或 ethikos，有 character（氣質，品格）之意，已存在有一種理性的選擇了，常牽涉考量、判斷、選擇，因此，具有其自主性。在團體裡，它是內有的；也是團體希望在道德發生衝突時能找出更合理的解決方案。道德在進入人與人與團體或專業團體內的互動時，就進入倫理運作的領域了，在這個互動的領域裡，道德與倫理這兩個名詞常是可互通的，所以，我們常

講倫理道理，宛如一個詞。

許多專業團體都因各有各自的行事原則（guiding-principles）而訂有各自的行業倫理。如果違反了這些行業倫理，不管有沒有違反法律，是會被依「行規」處理，甚至逐出那個專業團體，例如醫學倫理、律師倫理、運動倫理、學術倫理、教師倫理、商業倫理、軍事倫理⋯⋯等等。杜邦公司也訂有「公司倫理」，要求每位員工行事誠信，如違反了誠信，則不論有否違反法律，績效有多卓越，都一定會被逐出公司。美國的律師或醫師等學會祭出倫理規章，要求違反者離開時，是像宣判職業死刑一樣嚴重的。

道德違反者的處罰似乎是沒那麼嚴重，雖然古人說：千夫所指、無疾而死；或者，當事人會自覺普天之下，無立錐之地。那個「天下」，其實只是自己居住的小村莊，「勇敢」地離開那小村莊後，似乎又是好漢一條了。

在現代許多商業活動裡，你會發現有些事是不違法，但絕對是不道德的事，但當事者安之若素，是有賴商業倫理或核心價值觀去自規、他規或預防的。

嚴守職業倫理與核心價值觀後，會發展成為一種企業文化與個人文化。當一個企業人很堅定地對別人說：我們公司不會做這種事，或我不會做這種事時，這是很強的企業文化或個人文化在運作著，企業裡的每個人都會有很高的驕傲感，對外也形成了企業品牌，或個人品牌。

這樣的發展脈絡是有跡可尋。最早，人類是生活在部落或小區裡的，這些小團體能夠存活下來，合作是一個要素。前輩們與長輩們早就留下或訂下一些傳統規矩或風俗習慣，成為所謂的道德，其

中也並不一定有什麼大道理，人們則賴以溝通、合作、生存與發展，形成了很強的「我們」；身處其中的「我」，能做的也不多，遵從就是了，更當自我努力發展、發揚德性。長輩與領導人能改的，其實也不多，但仍有較大的機會去影響或改變，就像古人說的，君子之德，風；小子之德，草；風行草偃。「我」像小草一樣地生存、發展著，道德是應該遵守的規範。

更大的「我們」開始形成，也形成了許多的「他們」，他們裡又有了專業團體或特別行業，也都希望溝通、合作、發展。於是，除了傳統的風俗習慣與道德外，也需求理性與邏輯的思考，我們這個行業或專業，或是有更多樣英雄好漢的團體如要成功，還有什麼要件？於是，「他們」自主理性地訂出各種有道理的倫理規範要求遵守。

所以當「我」進入「我們」，而與許多「他們」互動時，道德與倫理是有交集的。道德是外設形成的，倫理是內建發展的，倫理有更強的理性與選擇性。價值觀又有更強的自主性與自我優先次序選擇，也開始介入發展了。個人價值觀與組織/企業的價值觀達成連線一致後，就形成志同道合的關係。在各個不同組織或團隊之間如能取得共同價值觀（shared values）時，合作成功的機會就更大了。

在現代社會中，有些個人在價值觀上自我堅定也被尊重，有時違反倫理道德甚至社會價值觀，也在所不惜。他們特立獨行，共利重於私利，走在人類發展前緣，甚至敢於違抗統治者的法律。

倫理道德之後的另一個發展是法律，國家用公權力訂出法律，很嚴峻的，不遵守或違反的話，會有失去自由的牢獄之災，甚至失

去生命，乃至聲譽與財產破產。

國人常喜歡說的合情、合理、合法，或許與道德及後設道德的發展也有關。各種案件總是從鬆散也不一的道德來說情，後訴諸倫理以論理，最後則回歸到硬梆梆的法律依據，而依法治理了。

學理上呢？回到本章圖 2-1，更有幫助於我們釐清這些關係。柯爾柏格的「道德發展六層級」也可粗分三大階段來看，更可看出其中的趨勢性。

第一階段是被動服從；含第一與第二層級。

第一層級中宛如孩童時期，成長環境裡有許多習俗、風尚、傳統，以及長輩權威的規定要遵守，道德發展的第一層級就是服從。大家都不想惹麻煩，例如不可逃學、要做功課，否則會被處罰。留在這層級上的大多是小孩，也有部份成年人長大後仍留在此。這層級的人都聚焦在行動的直接後果上，做事很難有真正成功。

風俗與權威總是私下訂定的，到了外部不一定可用、管用。

在第二層級中，比較積極了，例如做好功課後，也開始會幫忙做些家事，想討好別人、得到將賞，尋求好處，展現出：「我可以做得更好」，想得到具體的讚賞，活在 "WIIFM ？" 的心態上──WIIFM 是 What's In It For Me 的簡稱，意指：「這樣做，對我有什麼好處？」所以，第二層是在自保後，進一步求取自利。

第二大階段是主動遵守；含第三與第四層級。

在第三層級中，人們進入更大社會環境裡，基於社會上的共識，都想做個好男、好女、好公民，學會了關心他人想法，也學會了尊重與感恩，想實踐人際做人做事的黃金守則，想得到別人的認可，發自內心地要做好人好事；道德行動的正當性來自企圖心，想

討好別人、幫助別人、被接受、有歸屬感，這層級與第四層級是典型的青年與成年人道德發展心態。

第四層級，是大多社會人士所處的層級，在這個層級中，對與錯已有法律法規，早就訂好了。人們的道德行動是要與社會觀點與期待做出比較的，要守法守律，遵重社會秩序；社會規範是道德行動的要素。「就因為那是法規」，「我是依法辦理」。專業團體還有自定的契約，守法守律比個人慾望更為重要。有時對法規的形成與作用也是很不確定的。

第三大階段是挑戰法制；含第五與第六層級。

第五與第六層級共稱為「強烈原則」（principled）的層級。其中第五層級是一種共利性道德層級，這層級中的人認定法律是一種社會契約，但不是剛性不變的法條，而是為了大眾的福祉，不合大眾福利的是要改善，以符合大多數人的最大利益。看世界時，有不同的權利、義務與價值觀，大家要求互相尊重。個人的價值觀與原則在此開始被尊重，法條中沒能妥善處理價值觀與原則的，是可能要修改的。

在第六層級裡，人們的道德行動不是去避免受罰或求自利，而是要做成「對的事」。這層級的人已很稀少了，他們認為他們的觀點可能要高於社會觀點，所以與他們堅守的原則不一致時，他們會不服從那些世俗規範。規範是可質疑、可修改的，並非絕對權威，他們活在自己的倫理原則之中。他們的行為可能會讓第一大階段中的人們感到困惑，或是被看成離經叛道。但，他們認為人們要追求的是一套普世的倫理原則與人類自覺良知；因此，違法在所不惜。

第六層級是少數人終生奮鬥的目標。

　　還有沒有更高的層級？有。有些學者稱之為第七層級的「神聖道德觀」（Transcendental Morality），是一種宇宙觀導向的，也連結上了強烈的宗教觀。

　　所以，綜合來看，這六個層級的道德與後設道德發展，發展趨勢是這樣的：

● 由被動服從而主動遵行而挑戰法制；也是由不知其所以然，而知其然，而究其然。

● 由自處性道德（第一與第二層級），而社會性道德（第三與第四層級），而共利性道德（第五層級），而原則化道德（第六層級）。

● 由外來標準的權衡（第一至第四層級），而個人原則化理性的思考（第五與第六層級）。

　　所以，這六個層級的道德發展論也論述了我們通稱的道德（morals）、倫理（ethics），與第五與第六層級的價值觀（values）。三者間各有其重疊處，用詞也就互通了。

　　簡單來說，「道德」是偏向自我的自處關係，行為規範是對「結果」的善與惡（或，好與壞）有關的。「倫理」常有論理，是在討論道理的，是在道德面對特殊應用領域、專業環境中，人際相處遇到衝突時，進行道德性反思的一個努力。所以，倫理側重人我之間的相處關係，是有關對與錯的「行為」所做出規範。但是，當道德在論述到公共道德或社會道德時，名詞上常被互用，道德與倫理常被混在一起，統稱為倫理道德了。

　　道德、倫理，與價值觀，都談規定、規則、規範。價值觀更偏向個人的信念與信仰，它更進一步告訴我們，什麼是人生更重要的，也幫助我們對於對與錯的「行為」做出正確的決定。倫理如果應用在一些專業的團體或組織上的行為對與錯時，在用詞上也常與價值觀互通。

　　在這一小節中，我們從道德談到倫理，再談到價值觀。價值觀盤據著道德發展階層中的最高兩個層級。在日常生活裡，我們也常自問或相問：「這樣做，真沒道德？」，「這樣做，違反學術倫理吧？」，「這樣做，有違反醫學倫理嗎？」，但，很少問「這樣做，違反組織（或個人）價值觀嗎？」。

　　我們對「價值觀」還是不熟悉或沒興趣嗎？或問：這樣做，違反組織（或個人）「價值」嗎？這種說法就不通了，似乎又陷入價多少、值多少、值不值、有否門檻的亂局了。

　　更重要的是，經由柯爾柏格教授清楚展示「道德發展六層級」後，力求發展的企業人與社會人，應該趕緊自第一與第二層級自我提升，別在那裡停駐一生。

Ethics is knowing the difference between what you have a right to do and what is right to do.

倫理是知道下述兩事之間的差別：你「有權利」去做的事，與你要做的「對的事」。

——波特・斯圖爾特（Potter Stewart），前美國最高法院大法官

2-2 「這樣做，合法嗎？」：領導人忘記領導後的問題

在商場裡，他這樣問：「這樣做，合法嗎？」你回答：「不合法，不可以做」；但，他還是做了。因為，他有下列原因與考量：

● **其實，許多人都在這樣做。**

有位數百億級企業老闆在一個年終受訪時慨然指出，那年他最大的學習是：「原來別人可以做的，我並不一定可以做。」就如，你的車太炫了，超速被抓又抗辯時，警察會說，我不用抓完所有超速的人後再來抓你。或，幽默的美國警察也會說，他們超速太多了，我追不到。反正，罰你罰定了，願賭服輸，你一開始就該想好的；不想被抓，就別超速。

● **其實，被抓到的機會很小。**

確實，但是別忘了前人經驗，「法網恢恢，疏而不失」，還有更嚇人的，如「久走夜路，必遇鬼」。生意一做好幾年的，甚至幾十年，又不是一時間；如果一時的，也許可以賭，但是也怕一招得逞，食髓知味，終是不時被勾引。台灣人常說：舉頭三尺有神明，你真不怕嗎？杜斯妥也夫斯基的小說中也提到：「如果，沒有上帝，想做甚麼都可以嗎？」

● 其實，被抓到也不用怕。

請個厲害律師，遇上個恐龍法官（機會很大的），或來個政治法庭，全身而退大有可能。台灣人的口頭禪是：有錢判生，沒錢判死。前後幾筆案加起來已經累積很有錢，萬一（萬中只是一）被抓，扣除律師費，不會坐牢時是穩賺不賠。

● 其實，縱使入了牢，也不用怕。

所有入牢的朋友們，都是堅信：法律與律師有一天一定可以「還我清白」。每個人都很有信心在等待。忘了在哪本書裡看過這段精彩故事，大意是說，有位英國國王應邀訪美，在參觀監獄時，美方為表示尊敬，應許國王在訪談人犯後可擇任一人而釋放。聽說他在訪談百餘人後，無條件釋放了其中一位。美方問：為何釋放他？國王答：因為只有他承認有罪（故，還有救）。

● 其實，獄中好好表現，假釋很快。

出獄就退休，怎麼算都是賺很大。由於百年來歷史情結，台灣人對於「冤獄」總是同情遠遠多於責備。

所以，你說：不合法，不可以做。他還是做了——賭性堅強，還有願賭不服輸的精神。

還有，這人的道德發展還是留在第一或第二層級？

你後來又想起，他怎麼會問：「這樣做，合法嗎？」俗話說，法律是道德的最後一道防線，他怎麼跳過層層關卡，直指最後一道？他好歹可是個領導人啊！

● 跳過第一關道德。

俗話說：法不外乎情。道德發乎情，為何不問一下老伴？尊長？乃至小兒？更重要的是捫心自問，半夜敲門心驚是不驚？雖然，有些道德會改變，例如以前賢慧女人不可穿著泳裝在外拋頭露臉；但，貪污在千年前、千年後都是不對的，不論貪污是為了自己私慾，或是為了可憐家人、為了搶救業績、為了瀕死公司，或因為「這個社會哪個不貪」而同流合污。

他輕易在這第一關屈服。

● 跳過第二關倫理。

跳開家庭、社會與傳統道德的「束縛」，他還有工作場所倫理要守，不管哪個行業或專業，或哪份職業，都有人、我相處的倫理，專業成功的守則。他另走蹊蹺，甘犯不諱，只為了速成？為了成功不擇手段？他的大老闆說可以，他這小老闆就可以照做了嗎？後果誰負責？當然是行為人自己。

給你一個工商實例：小經理出差，在旅費申報時多污了幾晚酒店住宿費、幾場「客戶」高爾夫球賽費，申報時，大經理一時不察，大筆一揮，准了。被抓到時，誰負責？開除誰？當然是小經理，大經理只是會被告誡下次核查時要小心罷了。

學習當個「當責」領導人，為自己的思考、思想、態度、行為、行動與成果（或後果）負起全負。倫理論理清晰可循，他還是視而不見，或已習焉不察。

他可是個領導人啊──領導百人、十人、一人，乃至只領導自己，都算是現代領導人。

● 罔顧自己選出、說出或公司選出、訂出的價值觀。

優秀人才選公司時，也選擇可以在價值觀上與自己的連線或一致的公司，然後如魚得水，悠游自在，也因此大展鴻圖。彼得・杜拉克給職場人的建議是，當價值觀不能一致時，你應該認真考慮離職。當公司的核心價值觀旗幟鮮明，實質與精神面都很清晰時，他還是選擇鑽條文漏洞？

來點更正面主動與積極性的。我們可以把他問的：「這樣做，合法嗎？」，改成自問：「這樣做，可以嗎？」

於是，海闊天空，心清目明，一路問自己、問下去：

● 合於自守的個人價值觀嗎？
● 合於必守的組織價值觀嗎？
● 合於組織訂出的專業倫理嗎？
● 合於社會一般的道德標準嗎？
● 「毋忝爾所生」，會讓父母含羞嗎？

然後，也許仍要客觀些，於是找個可靠的朋友、或關心的家人問問——這可不是「火箭科學」，有問一定有得、有答的，還常一答驚醒夢中人的。讓你的決定儘量遠離法律的灰色地帶吧，尤其是，當你更是一個上升中的領導人時。

回到我們章首的圖 2-1，第六層級是柯爾柏格心目中只有很少數人終生奮鬥想達到的目標。修煉無止境，還有第七級——連上宗教、宇宙級別的「神聖道德觀」。但更重要的是，別老留在第一、二層級裡打混了。

2-3 你還是認為：「錯誤的決策比貪污更可怕」嗎？

在「價值」（value）與「價值觀」（values）有關的理念與運作上，不當引用而造成很大不當影響的，大約就是這句名言了：

錯誤的決策比**貪污**更可怕。

這是 1980 年代一位名學者提出的，原意是說：一個基層人員收了幾萬元紅包，可能坐牢；一個高官做錯了一個決定，可能浪費國家幾十億預算，卻沒事。於是，在國家金錢損失上是：幾十億元對幾萬元；在個人後果上是：高官沒事對小課員坐牢。

這個說法對比鮮明，話題性十足，感動了許多人。於是，總統引用，經濟部官員引用，政治家、政客都在引用，大小企業家也在引用，升斗小民們更愛引用，每隔一段時日就有人引用，用以嘲諷或批評時事。二、三十年後的今天還在引用，層級也很高，高到副總統與大企業家還是引用，而比較上使用的金錢損失數字也水漲船高，已高到損失「幾百億，甚至上千億」，聲勢更聳動人心。

套用的範圍也擴大了，例如，「資源誤用」比貪污更可怕，「錯誤的能源政策」比貪污更可怕，「軍方錯誤政策」比貪污更可怕……不勝枚舉。

它的原意原來是：貪污太可怕了，但是，還有其他事更可怕。

現在轉意成：貪污不太可怕，它被其他許多事遠遠比下去了。

就像原是要比喻「苛政猛於虎」的，宣傳實在太成功，現在的人已經不太怕老虎了，至少也是大大降低對老虎的戒心。

你相信嗎？小課員收了幾萬元紅包而坐牢，若你認為太委屈、不公平，不該這樣處理，那麼，蔚為風氣、形成文化後，「上下交征利」足以亡國，至少敗國，台灣絕對不會成為瑞士或新加坡。

這是最經典的「價值」（很好算，多少錢？）與「價值觀」（誠信，可換算值多少錢？）的不當認識與比評。是「決策能力」與「人格缺陷」乃至「犯法」的不當比評，不只是像蘋果不好比評橘子，這句話更像是麋鹿不應該與龍蝦相比，是不相干的。

別再比了，再比個另十年，國人在「價值觀」──例如誠信的養成上，傷害會更大；對決策能力的提升，尤其是政治決策，也毫無幫助。

退一步想想，我們如果對「錯誤的決策」與「貪污」兩項做進一步的分析與比較，會是這樣的──在商業上與政治上應不同，要分開分析，底下先談在商業管理上。

「決策」只是個起頭，後面跟著的是長長一串的「執行」與執行力展現，最後才有了「結果」──如，正面的「成果」或負面的「後果」──上面名言中談的是不好後果，是幾十億、幾百億損失。

為什麼會有「決策」錯誤，其原因舉其犖犖大者，如：

● 願景、使命、價值觀不清不楚，長程導引上不足
● 策略（strategy，非決策或決定上的 decision）上的不相適應（unfit）

● 資訊不足；資源配置不當
● 規劃能力不足

然後，更重要的是，做成決策後，付諸執行時，又遭逢許多殘酷挑戰，如：

● 時間及其他資源，多所不足或配置不當
● 執行力不足，PDCA 不夠；領導人領導能力不足
● 價值觀所引動的行為與行動力不足
● VUCA*世界變化太快了，失去了支撐
● 沒有 B 計劃，應變不足

於是，當初對或錯的「決策」，加上「執行」上的良窳，終於產生好或壞的「結果」；負責人要負起不管成或敗的當責。

實務管理大師柯林斯（Jim Collins）在財星雜誌七十五週年慶的專訪中，分享了他在廣泛而嚴謹的調查研究後所發掘的決策「祕密」。他說：「最後的結果，事實上是得自決策後長長一段時間裡一連串或大或小的執行，與小決策及其良好的執行力。開始時的決策不管多大，都只在最後「結果」中影響一個小份量而已。」

這一小份量有多大？柯林斯也有進一步的「定量」評估，他說：「以對『結果』的影響度而言，起案時的大決策不會在最後結

---

* VUCA是Volatility（不穩定），Uncertainty（不確定），Complexity（複雜），Ambiguity（模糊）。原只應用於美軍，現廣用於商界管理。VUCA所倡導的能力，依企業不同願景、價值觀與目標而有不同，但願景與價值觀本身具有不變與持續性。

果 100 總分中，佔有如 60 分般的比重，而是更像是佔有 6 分罷了。於是，最後結果，就是這 6 分與中間其他許許多多的 0.6 分或 0.006 分一起加總後所形成的。」他又結論：一個大決策單獨地造成了驚天動地的大結果的故事，只有在教科書或小說中才看得到。

這位寫過《基業長青》、《從 A 到 A ＋》等管理暢銷書與長銷書的管理大師還說了個有趣數字，他說：「在真正大決策上，你仍然可以犯錯 —— 有時，甚至是大錯 —— 而你仍然可以勝出。在大決策上，五中對四就夠了。」他說太棒了，他原來不知道的，現在知道後，鬆了一口氣。

所以，在企管實務上，別太緊張，在大決策上不會是一招決勝負，降龍十八掌一定要全打完、舞得透透的。此外，「錯誤的決策」還比「不做決策」好，早點失敗就少點浪費，也多了好多學習。企業界裡有不少失敗卻導向了好大的創新好成果。

在 VUCA 世界裡，還有可能是：錯的決策，歪打正著地走向了好的結果。美國矽谷還流傳的經驗是，執行力夠強的，還會回頭吃掉或改正策略。至於，對的決策卻轉向壞的結果上，你就得趕緊梳理原因，找出關鍵學習，提出 B 計劃，你並不一定會傻傻地處在那裏被處罰得慘慘的。

一個在 HP 流傳的故事是，一位專案大經理做了錯誤決策，終造成了壞結果 —— 是公司百萬美金級的財務損失。大老闆並沒有責怪，但他羞愧地提出辭呈。大老闆接見他時說：「你剛剛學了一個百萬級的經驗，我怎麼能讓你離開呢！」

同樣在 HP 的真人實事：曾經把 HP 從前任 CEO 賠錢與亂局中救出，讓公司轉虧為盈並讓股票大漲的 CEO 馬克・赫德（Mark Hurd），

卻因在一宗兩千餘元美金的不當報帳後，董事會堅持請他走路。

你還是認為錯誤的決策比貪污更可怕？要做出正確的決策其實是有很多決策流程或規劃流程，以及現代化技術分析可以幫助的，難搞定的仍是它將面對未來多變難穩的 VUCA 世界。貪污是因為定力不足或人格缺陷，卻是很難搞定的。全球第一的 CEO 教練葛史密斯（Marshall Goldsmith）說，他不當「不誠信 CEO」的教練，也勸別的教練也別當。他們說：我們很難教不誠信的人更誠信。誠信是人類品格冠頂上的大珍珠，誠信反面的貪污則不論大小都是罪惡的淵藪。

中國聯想電腦的創立人柳傳志，早期曾說過：給我真正的高技術人才──不誠信也沒關係，我會派十個人在周圍去防範他一個人，終會是值得的。後來，他發現，防不勝防，還防不了。所以，現在聯想找人才，第一要件也是誠信。

別輕視價值觀，輕輕放過貪污了。只因它僅涉及小小金錢數字，輕輕放過這小小「價值」，就會大大傷害那個大大「價值觀」的誠信正直了。別比數值了，價值觀常是「無價」的（invaluable），而且有「普世價值觀」存在的，也有「主流價值觀」存在的──誠信正直就是其一。

上面談的是在商業管理上，政治上呢？

棄醫從政的行政院衛生署前署長楊志良直言：「貪污比錯誤的決策更可怕。因為，錯誤的決策裡常是藏有貪污，而貪污之下絕對不會有正確的決策。」誠哉斯言也。

政治上，決策錯誤的最大原因應該是：政治正確、決策者私心、存在貪污、利益團體的巨大壓力，以及決策作業不週不力等。

在執行上，則如：「依法行政」的官僚、辦事過程重於成果、權責不清、領導力不足，等等不一而足。其實，我們常常發現官員辦事時，有沒有交出成果、或成果有否品質，並不是很重要，而是過程更重要。有些政府單位連預算的使用率，都當成了 KPI 在管理。讓決策、執行過程與最後成果都做好，才是管理/領導有道。

更重要的是，別輕視「貪污」。許多學者們口中的貪污藉口，如：貪污只是「零碎的」——它終會染成全面的，再化整為零；是「低階層的」——它終會腐蝕基礎，也與高階層的相互呼應；是「偶發的」——它終會快速成為常態。終是貪污誤國，莫此為甚。

「錯誤的決策比貪污更可怕」或「貪污比錯誤的決策更可怕」都是不對的，因為「錯誤的決策」與「貪污」不能相比。再比下去會有這種狀況出現：我只貪污了幾萬元，你為什麼不去查辦那些貪污幾百萬的？貪污幾百萬的說，那些貪污幾千萬的更可惡，更應先抓，你不打老虎、專打蒼蠅；貪污幾千萬的會說，那個政府官員決策錯誤，誤了國家好幾億，怎麼不先去辦他；當然，污了幾億的，後面還有幾十億的，再比下去就誤國誤民了。別忘了，政治上，許多錯誤決策可是因為貪污藏身其中，在國際上亦然。

別輕視、輕談貪污，別為貪污合理化、脫罪化，也別對「誠信正直」的價值觀懷疑、嘲弄——誠信正直是很難做到，但放棄時，個人及周遭世界會更慘。國際間有一個稱為「國際透明」組織的，他們根據各國商人、學者與國情分析師，對各國公務人員與政治人物的貪腐程度做出評鑑，也結合了國際資料來源，如 IMD 等十個國際組織。

他們每年公布一次全球 180 國與地區〈年度貪腐印象指數〉。

今年 2 月公布了 2017 年最新資料，最清廉國家是──紐西蘭。其他幾個重要國家又如：丹麥第 2，芬蘭、挪威、瑞士同居第 3，新加坡第 6，荷蘭、加拿大、英國同居第 8，美國第 16，日本第 20，南韓第 51，馬來西亞第 62，中國第 77，印度第 81，印尼與泰國同名第 96，菲律賓第 111，惡名昭彰的海盜國家索馬利亞則是墊底的第 180 名。報告結論指出，多數國家處理貪腐問題的進展相當緩慢，全球貪腐現況令人擔憂。

台灣的清廉度排名是第 29，比 2016 年進步了兩名。但要繼續進步，靠「法律」的最後一道防線是不夠的，我們需要正面、積極、重振「誠信正直」的核心價值觀、商業倫理觀，乃至社會道德觀。讓我們一起努力幫助台灣的清廉度前進到全球 180 國的前 10％──在大學裡，這算是優秀學生的行列。

「錯誤的決策比貪污更可怕」嗎？別再比了。

在比的時候時，我們在意識裡不知不覺地、論斤計兩地，想賣出社會道德、商業倫理，還有「核心價值觀」──不是「核心價值」，因為「價值」讓我們在意識上又不知不覺地沉淪到計算著「價多少？」、「值多少？」、「值不值？」

還有，在國際卓越企業的經營管理裡，這種「錯誤的決策比貪污更可怕」的說法是完全不通的。也冀望政界有機會能向企業界學習，全民一起從根處、從小處、從思想處，一起提升清廉度。

「做對的事」極端重要，符合法律的字面意義是不夠的；我們應熟記於心的是法律的精神與意涵。

──大衛・謝德拉茲（David Shedlarz），輝瑞大藥廠財務長

第 **3** 章
重現價值觀的「清醒」（Conscious）之旅

圖 3-1　巴瑞特的人類七層「清醒」與相應價值觀

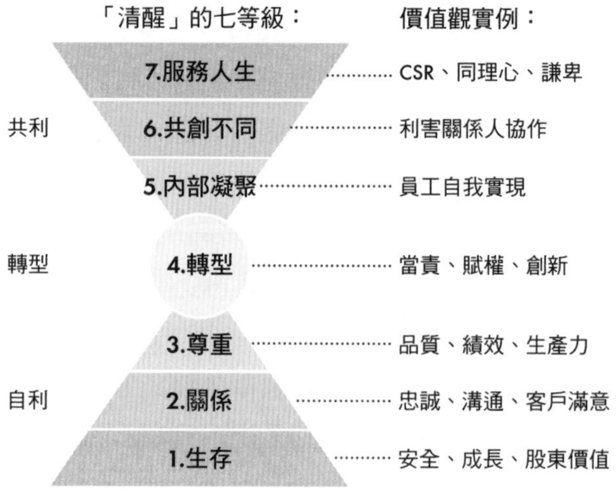

	「清醒」的七等級：	價值觀實例：

共利
- 7.服務人生 ………… CSR、同理心、謙卑
- 6.共創不同 ……………… 利害關係人協作
- 5.內部凝聚 ……… 員工自我實現

轉型
- 4.轉型 ……………… 當責、賦權、創新

自利
- 3.尊重 ………… 品質、績效、生產力
- 2.關係 ……… 忠誠、溝通、客戶滿意
- 1.生存 ………… 安全、成長、股東價值

　　我在大學畢業後，一頭鑽進一家大工廠工作，最初幾年裡，埋首於現場值班、產品開發與工程設計，對其他領域的事一概沒興趣。後來，轉職一家中小企業，當了一級主管，負責產品開發與工廠品管，才開始接觸到大老闆的「經營理念」。大老闆雄才大略，正在經營企業文化，他標榜的四大價值觀在約三十年後的今天，我居然還記得，是：團結、合作、進步、愉快。現在，回想當年，當時的管理還真進步，已經想到要經營文化與價值觀了，可惜的是，

並未真正落實，還是人治。

又過了數年，我進了洋公司，直接感受的則是價值觀的震撼。他們的價值觀很簡單，只有三項：SHE（安全、健康與環保）、誠信正直，與尊重他人。這些價值觀向上與公司的願景、使命緊密結合，成為清楚的公司文化，是為總公司發展的最高指導原則；向下則成為員工行為準則，成為公司各項系統、結構、流程、專案管理/規劃的依據。這絕非口號、絕非官僚、說到做到，尤其是價值觀所衍生的行為準則，如有違反，一定會請你走路——不管你的工作績效有多優秀。舉幾個我親身經歷的實例給你參考：

● 在美國，公司正在培養一位明日之星，他因此職務調動頻繁，家也跟著搬來搬去。在一次搬遷後的報帳中，他竟然多報了兩千多元美金；被調查時，他辯稱是在更早次的搬遷中，公司「欠給」他的。經查實是違反了誠信正直的價值觀後，隨即開除了，明日之星就此消失。

● 在台灣，一個事業部的一位明星級業務大將，被經銷商告發涉及幾萬元台幣的不當交易，誠信委員會在開會查實後也隨即開除，留下了一臉愕然的老闆。老闆急飛台灣又飛回新加坡，一路擔心的是今年業績恐無法達成，急著調兵遣將找新人了。

● 在美國，一位工作已三十年的優秀大領班，在一次下班前的巡廠中，一時疏忽偷懶，違規進入桶槽去撿拾自己剛剛掉落的筆，不慎昏倒被救起。廠長在查明事件始末後，因為嚴重違反公司「安全」的價值觀與「進入桶槽」的安全守則，流著眼淚「依法」開除了他。

現在，你可以確定「核心價值觀」並不是牆上或網站上的口號了吧。

價值觀可以幫助公司塑造優秀、認真的企業文化，並且幫助創造出許多優秀績效與人才，這可能是這些國際卓越公司不想向外喧嚷的小祕密。其實，講明了也沒關係，反正不信者恆不信，你心志不堅就是做不到。甚至，許多著名研究者在發掘卓越的秘密後著書立說，如《追求卓越》、《平衡計分卡》、《第五項修煉》等等，說明「價值觀」可以做為重要工具之一，幫助公司創造更大「價值」。不過，許多人不管看了還是沒看，仍舊是我行我素，不動如故、如山。

這些卓越領導人以價值觀領導公司，與其說是以「價值觀」為手段以創造更大「價值」，毋寧說是他們有關懷人、社會與環境的崇高理念。

分享 1980 年代的一個精彩故事。當時，美國鋁業公司經營不善，已連賠數年，董事會集思、亟思全力振作，終於找到一位新的執行長，冀望反轉頹勢，全公司也寄予厚望。在第一次股東大會上，新執行長上台報告新營運策略時，他居然大談提升工廠作業安全，要降低意外事故，並把當年員工受傷率降為 0，信誓旦旦將對此目標全力以赴。當場，眾大股東們譁然，詰問董事會從何處找來這般嘻皮、前衛的執行長，正事都不幹？有幾位大股東們隔天還即時出清了持股。

但，美國鋁業公司當年即翻轉獲利，隨後幾年也都大賺。

製鋁現場是高溫、高壓環境，機器都是龐然大物，員工一不小心就可能斷指、斷手、斷腳。現在，因為工作安全大增，員工士氣

大振，於是生產力高了、創新多了、成本降了，全公司中連員工敬
業度也大增。

　　這位執行長退休時，員工感恩，集資在工廠附近的公路轉彎處
立下大招牌，感恩他的領導。

　　價值觀不只用以凝聚軍心士氣，也能提升效能、效率，也確實
對公司的財務底線造成正向衝擊。國際上許多著名公司還用以評估
公司內人才的適用性與發展性，例如下圖：

圖 3-2　人才發展與價值觀契合度

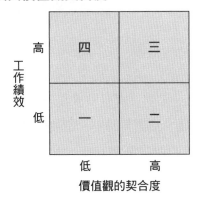

　　傳統公司總是以員工所達成績效的高低直接決定獎懲，並據
以確定是否為人才，也希望這個好績效還持續到連年如此，有跡可
循、有史可考（track record），不能忽強忽弱，會被懷疑績效是瞎
貓遇到死老鼠。

　　但是，有卓越企業文化的公司會在考核上再加入「價值觀」的
因素；故，人才發展分成四型，簡述如下：

● **第一型**：績效欠佳，也不認同公司價值觀的，公司會讓這些員工及早離開。

● **第二型**：績效不佳，但認同公司價值觀。公司會調動職位，再給機會或再給訓練，再給兩三次機會，如無起色，可能也即將面臨解職。

● **第三型**：績效佳，又認同與實踐公司價值觀的。這類員工是公司極力要培養的人才，留住他們、刻意栽培他們，讓他們知道，他們在公司的發展是無限的。GE 曾說，這種人在公司的發展是："The sky is the limit."，所以是無限的，因為天空是無限的。

● **第四型**：績效佳，但可惜，他們並不認同公司的價值觀。你要如何處理第四型的他們？請他們離開，會立即影響你公司績效；讓他們繼續留下來，他們卻總是特異獨行，甚至刻意違反公司文化，徒生許多困擾。更重要的是，如果他們的官位越高，影響力越大，連找進來的新人們都會自成一掛。

其實，以企業長期經營來看，這類第四型的人才遲早會離開公司，只是時間快慢而已。離開時，是自己一人或帶走一團，更可能是主動請辭的，對公司的傷害屆時可能更大。

所以，對於第四型的人才，許多公司都開始選擇及時讓他們離開，因此，價值觀成了重要抉擇的依據了。價值觀幫助公司決定：是不是「對的人才」。

好公司早已在如此行了，公司的「核心價值觀」不只是留才的根據，也是選才時的根據了。他們說：「選人是選人格特質，技

能是可以訓練的」(Hire for characteristics, train for skills)正是此意。此外,價值觀不只用於人才取捨,也用於公司各種大小決策的依據了。還記得迪士尼公司董事洛伊‧迪士尼的名言嗎?「當你知道你的價值觀是什麼後,做決策並不會那麼難。」

這樣的理念與實務,在歐美世界,所在皆是 —— 不管政界或商界,只要你避開外表的亂局,深入做個觀察就常可發現內情。可惜「國情不同」 —— 這常是藉口,我們總是不在意,總是更喜歡機關算盡、無限妥協,弄得毫無原則,互信盡失才肯罷休。

你的價值觀印象呢?你心目中價值觀的價值(The value of values)在哪裡?底下我們將從價值觀的分類與分級談起。

價值觀有分類，也分等級；期望進入共利時代的價值觀

People who promote value without values hollow out and sicken individual and group souls.

人們如果只提倡「價值」而不提倡「價值觀」，勢將淘空並病化個人與團體的靈魂。

——道格・史密斯（Douglas K. Smith），社會觀察家 / 麥肯錫前顧問

談「價值」總是會想到金錢數值；談「價值觀」總是不談價格與金錢價值的，雖然它最終是會影響到金錢大數值。故，價值觀的價值不菲，長期上來看是無價之寶。價值觀是一種「觀」，亦即，一種觀點、觀念、信念、信仰，與信心，在論述人與他人、人與心靈與大自然與神相處的契合性。「觀」，在中文字義裡還有審慎細察之意。

所以，針對人生的各種目的與目標，人們發掘/發展出來許多種不同的價值觀，如：

● 家庭價值觀：如，父慈子孝、兄友弟恭
● 社會價值觀：如，忍讓、善行、誠信

● 政治價值觀：如，參與、民主、人權、尊嚴、責任、共識

● 宗教價值觀：如，神、信仰、自由、虔誠

● 環境價值觀：如，尊敬、關懷、只有一個地球

● 經濟價值觀：如，生產力、效率、物質文明的快速成長與擴散

● 法律價值觀：如，程序正義、原則性的提升、公平、公開、公正

● 醫學價值觀：如，預防重於治療、尊嚴、人性

Nothing best about the past ever came from enthroning value over values.

在過去，從未有最佳事物是因尊崇「價值」超越過「價值觀」而發生的。

——道格・史密斯（Douglas K. Smith），社會觀察家 / 麥肯錫前顧問

　　後面我們將由社會學、經濟學與企業經營的不同角度，進一步來看看價值觀的不同樣貌，分析各種不同角色的「價值觀」。

終極價值觀與工具價值觀

　　社會心理學家羅克奇（Milton Rokeach）認為，價值觀是一個人深具持久性的信念，代表著他更喜愛的特定行為準則，或人生的一種終極狀態；這些信念有其持久性，與整體上的穩定性。一個人一生不斷地在做決策，決策時總是依據著價值觀而排定的重要次序，也因此而做出取捨。

羅克奇因此把價值觀分成兩種，一種是導向日常生活特定行為準則的，他稱為工具型價值觀（instrumental values）；另一種則是關於人生的最終目的與狀態的，他稱為終極型價值觀（terminal values）。

因此，終極價值觀成了我們工作或生活上的遠大目標，每個人都想在一生中達成的。羅克奇研究出人類在人生中常見的 18 項終極價值觀如下：

1. 世界和平：沒有戰爭與衝突
2. 身與心都安全的家：可以照顧所愛的
3. 自由：有獨立性，有選擇的自由
4. 平等：人人機會平等
5. 自尊：自我尊重，尊重別人
6. 幸福：知足、滿意、滿足
7. 智慧：對生命的一種更成熟認識
8. 國家安全：免於被攻擊
9. 拯救：有救贖，有永生
10. 真實的友誼：有親密的交往關係
11. 成就感：一個持久的貢獻
12. 內在和諧：有免於內在衝突的自由
13. 舒適人生：一個興旺富足的生活
14. 成熟愛情：有性與靈上的親密
15. 美的世界：充滿了大自然與藝術之美
16. 歡愉：能享受悠閒生活

17. 社會肯定：贏得尊敬、欣羨
18. 令人興奮的生命：充滿刺激、有活力的生命

　　看完這十八項，你會不會覺得人生如有明燈，更有目標、更有意義、更有希望？至少，有幾項應是說中了你的心事，或具體化了你的想像吧。心理學家研究人類普遍心理，然後和盤托出，你不可能十八項全享有，就開始選出其中三、五項吧。

　　工具價值觀則是自己比較喜愛的行為方式，也可看成是達成終極價值觀的中間工具，包含著個人的個性與特質、經驗與期許，選擇與堅持，例如：誠信正直、誠實、寬容、助人、當責、勇氣、堅持、自制自律、獨立、邏輯力、創新力、同理心……等，超越一百項，在網路上即查即明。

　　同樣地，你的選擇不可能包山包海，你也只能選擇三、五項。然後，自己要清楚所選，堅持以赴，讓週遭人都知道；或者，不用告知，別人事後也會因與你相處而自行發現。

　　終極價值觀是指人生長期或終點時的目的或目標，在管理學上，也常用願景（vision）去描述，終極價值觀更簡化罷了。我們明其意，不拘於詞，那麼工具價值觀就是用以達成終極價值觀的，兩者間應有一致性。例如，你的終極價值觀是智慧人生（第七項），那麼你的工具價值觀可能是邏輯、誠實與知識了。

　　活出價值觀、堅守價值觀，你會為人生創造出更大的價值，或更快、更高「附加價值」。

核心價值觀與營運價值觀

在組織/企業管理上，價值觀常分兩種，一種是核心（core）價值觀，它定義了組織長期的行事原則與行為準則，很少去改變的。例如，杜邦的誠信、尊重與安全的核心價值觀，已成公司文化的 DNA，努力實踐了一、兩百年了。

第二種價值觀稱為營運（operational）價值觀，是幫助一家公司在較短期上更能同心協力地有效營運的，如效率、速度等。當公司已達成一定水準而想進行另一段改革時會做出改變的，這種價值觀也被稱為差異化（differentiating）價值觀，因有些企業要在那個強烈競爭的商業環境中創造出獨特性，因而建立這些價值觀，例如捷步公司的「WOW 服務」。這些營運價值觀運作起來是會直接影響當前績效的，所以有人也稱之為績效（performance）價值觀。

這兩種價值觀常混合列在一起，出現在公司的公開訴求裡，例如美國管理學會（AMA）多年前曾對學會內優秀大中小企業會員做過價值觀調查，發現最常用的前十五大價值觀，依照常用次序分別是：客戶滿意、誠信正直、當責、尊重他人、開放溝通、團隊、創新、不斷學習、多元、社區服務、信任、社會責任、安全、賦權、員工滿意等。

很有意義的另一份資料是，他們還進一步對員工做了公司是否在真實應用上的訪查，認為「沒應用/只是廣告宣傳」的員工比率，與「玩真的/幾乎全時應用」的員工比率分別如下：在「客戶滿意」上是：2%（員工認為沒應用）對 76%（員工認為幾乎全時應用）；「誠信正直」是：5%對 72%；「當責」是：2%對 61%；「尊重他人」是：3%對 60%。從這個員工訪查來看，這些企業還是真的很認真在推動價值觀的文化的。

個人價值觀、團隊價值觀，與組織/企業價值觀

你有很明確的個人價值觀嗎？這樣的個人價值觀，會從心理影響到一個人的信念、原則、態度與行為，行動及決策的，也因此形成一個人的風格。價值觀很清楚時，風格也很清楚；當價值觀在不經意的情況下受到稀釋、妥協甚至違反時，這個人的風格就開始失去或模糊了。

如果你發現一個人經常說一套做一套，見人說人話、見鬼說鬼話（美其名為八面玲瓏），檯面上一套、檯面下另一套（美其名為公私分明），辦公室一套、家裡又一套（美其名為脫下面具），這個人是沒有個人價值觀的。有很強個人價值觀的人言行如一，很自然地還會「慎獨」——連獨處時也謹慎的。

個人價值觀大約是一種「規模」最小的價值觀了，我們在第七章中會談到如何建立並實踐你自己的價值觀。

然後，規模大些，你會在一個團隊中看到團隊價值觀。在領導一個團隊時，你會注意到團隊成員背景、專長、個性都不一樣，他們都是各方英雄好漢，看事看物的角度總是不一樣。你身處其中或作為領導人，總希望有一個共守的行為準則，可以讓各路英雄分頭辦事、各顯神通；但，殊途同歸，共抵於成。

你第一個想到的應該會是：共同目標；然後，你會想到共同的行事原則，例如，有團隊守則六條，可以讓許多爭執更早、更快回歸共識與平靜，甚至在爭吵之前、之中就已先做提醒。這六條行為守則的背後基礎就是我們團隊要建立、要共享的價值觀，稱為團隊價值觀。缺乏團隊價值觀常成為許多跨部門團隊與跨國團隊失敗的主因，我們卻很少注意到。

　　規模再升一級，我們到了一個部門級或事業部級的層次了。當你在領導一個大部門或事業部時，會不會有時感到很無奈，因為總公司的企業文化不清不明、很是人治，甚至還得一起查看皇上臉色與心事辦事。在總公司下的一支，理應與總公司文化連線一致，但是難以施為——因為公司沒有清楚的企業文化。

　　其實，你可以塑造事業部的次文化，建立並推動你很在乎、關乎事業部成功的價值觀及其衍生的行為準則。然後以身作則，領導這些價值觀與行為，奔向事業部與總公司的目標，你達標的機會一定會大增的。要提醒的只是，事業部價值觀要與總部的價值觀盡量連線一致（alignment）的，不能南轅北轍地唱反調。當然，如果與自己的個人價值觀也能連線時，領軍工作更會是熱情無比也感人無限的。

　　在事業部的次文化上運營成功時，你很有可能會向上形成影響力——謙虛級的自然影響力，美國人的企業經驗稱這種現象是「狗尾巴搖擺狗全身」（It's the tail wagging the dog）。你仔細觀察過狗嗎？是狗尾不斷地先搖擺，最終搖擺了全身。如果你的總公司企業文化鮮明而強盛，都在玩真的，那麼你好幸運，把公司的價值觀直接化為行為與行動準則，讓成員們同時具有自由空間與紀律。也許是，在核心價值觀的「憲法」下，又有一些營運價值觀的小法，讓次文化有更大揮灑的空間，而重點是上下與前後的一致性了。

　　然後，我們把「規模」提升到整個企業或組織的層級上。我們在第五章將以專章專述，幫助建立以價值觀為核心的企業文化。

　　一般來說，價值觀的建立通常最先是在組織／企業層級上的——常例是如此，但仍有許多組織／企業還是欠缺價值觀，或不運作價值觀。組織／企業運作成功後，領導人們通常會鼓勵員工個

人也發掘、發展個人價值觀，並與組織／企業的價值觀連線，當連線成功時，就創造了志同道合，更敬業，還熱情無比的員工了。雖然這有時有些理想化，還是有許多高新科技公司這樣成功了。

國家價值觀

國家有沒有共同的價值觀呢？這個國家領導人，應該能基於整個社會的正向、或特色發展也針對歷史、前途、與人民特質，訂出被期待的共同價值觀，形成國家社會乃至民族特色的。例如，前面我們談到新加坡建國後，國會在 1991 年正式批准〈共同價值觀白皮書〉，官方定下五個共同價值觀，要在各種族間強力塑造國家級文化，他們成功了。我們也提到中國在 2003 年訂定出「社會主義社會的十二大核心價值觀」，很想塑造、但並不成功的國家文化。英國也一直在倡議重整英國文化，法國馬克宏總統則正在藉著天主教復興要重整、推動新法國文化，更想的是免於受到不想要的新移民文化的稀釋。美國建國兩百年強盛無比，始終維持不墜，有很強美國價值觀與「美國精神」，連小說、卡通、好萊塢電影都不斷在強化。

我們需要復興或重塑台灣文化嗎？當然需要；但，必須首先在「台灣價值觀」與「台灣價值」的名詞與觀念混亂中殺出重圍。雖然國事如麻，必也正名乎。

沒有價值觀的教育，依舊有用處；但，似乎是讓人成為更聰明的魔鬼。

——C・S・路易斯（C.S. Lewis），牛津與劍橋大學教授／作家

分等級的價值觀

印度 Ajit Mathur 顧問公司把價值觀分成了如下三個等級，別有意義，三個等級的價值觀同樣重要，要有適當平衡。

● 第一級：基礎/核心價值觀，它們構成了組織的 DNA，走向永續卓越經營。

● 第二級：績效/營運業價值觀，它們創造了今日績效。

● 第三級：未來性價值觀，屬未來競爭力之鑰，如創新、改變，它們要創造明日績效。

小結：一個有關次文化影響力的真實故事

我們曾經在中國一家年營收逾千億人民幣的大公司裡，開辦過數十場「當責式領導力」研討會，推動「當責」（accountability）的價值觀與文化。

首先開辦的是他們的一個新事業部，這個新事業部是公司的獲利王兼成長王，所以不斷招聘來自台灣、韓國、日本，與中國各地的專家好漢，還有從歐美回來的華人、華裔技術專家，共同組成了各階層的技術與管理團隊。管理團隊成員們每個人自然都想運用他們自己所熟悉也擅長的管理觀念與方式，但他們高瞻遠矚的事業部執行長，卻專心立志要引入「當責」的共同價值觀與運營方式，希望藉以形成團隊共識與事業部文化，要影響這些各路英雄好漢們的心態、行為、行動，以及決策方式。事業部執行長要他們為最後成果負起當責，要更快形成當責的共同語言、共同的溝通平台，以更

提升執行力與領導力。當然，同時也想減低新事業部內部許多的內鬥、內傷、內戰與內耗了。

我們從含執行長的高管團隊開始，從新廠開始，擴展到另一個更新的廠 —— 仍未開廠，英雄好漢募集中的新廠 ——「當責」成了事業部執行長口中不斷提醒且以身作則的「文化 DNA」。約半年後，新事業部新氣象、高士氣、高成效已是有目共睹，其他事業部也都發現了。

其他事業部發現了這個新事業部的工作士氣與成果績效後，紛紛派員來事業部現場取經學習；於是，當責的價值觀與文化不斷擴充至其他數個大事業部。最後，驚動總公司總部也推動我們許多次「當責式領導力」研討會，又兩三年後，當責正式成為該企業總部三大核心價值觀之一，全公司全面全力發展當責的企業文化了。

今年，這位高瞻遠矚的事業部執行長，又在領導另一家高新企業，也在努力推行當責的價值觀。他這次推行起來應該是更容易些，因為他有了許多經驗，而且他還身處總執行長的高位。

各階級領導人在實踐價值觀上，我們的經驗是：狗尾不自覺地搖擺了全身，或狗頭決定要搖擺全身，或由中段開始而後往前、往後擺動，都有許多成功實例。但，最重要的仍是各階層領導人無須遲疑，自己要先擺動；寫清楚後做出決定，沒其他甚麼好藉口了。

好的價值觀好像磁鐵一般，會吸引住好的人才。

—— 約翰・伍登（John Wooden），洛杉磯加大（UCLA）籃球總教練

你「清醒」了嗎？
清醒度與價值觀間的連結

I want to be a values-driven company that achieves results; not a results-driven company that has values.

我寧願成為一家價值觀驅動式的公司，努力以赴，交出成果；不願成為一家成果驅動式的公司，雖也具有價值觀。

——巴比‧亞伯特（Bobby Albert），知名企業教練

　　寇夫曼（Fred Kofman）是彼得‧聖吉（Peter Senge）口中的「真正的天才」。他曾是麻省理工學院名教授，後來辭了教職，自己開了家顧問公司，輔導超過兩萬名來自如微軟、Yahoo、Google、思科、通用汽車、可口可樂等等公司的高管們。2013 年他總合心得出版了他的著作：《清醒的企業》（Conscious Business: How to Build Value Through Values），該書的副標題即是本書主題之一：如何經由價值觀建立價值。

　　該書主要論點是：

● 清醒，是組織/企業成就偉大的主要來源
● 清醒，讓你在工作中找到熱情，並闡釋了基本價值觀

● 清醒企業要追求的是，「利害關係人」的福祉
● 清醒企業，因社區團結與成員互敬而成就了卓越績效

　　書中也談論的是，由清醒而來的「價值觀」，如何用來替企業創造「價值」。他因此提出了很「清醒」醒腦的七大價值觀：

● 無條件的責任感
● 絕對要有的誠信正直
● 發自內心的謙虛
● 真誠的溝通
● 建設性的協商
● 無懈可擊的協調
● 幹練級的情緒管理

　　關於「清醒」，詹姆·柯林斯也有論述，他說：「偉大，不是環境的函數；偉大，是關於清醒的抉擇。」（Greatness is not a function of circumstance. Greatness...is a matter of conscious choice.）看來，他是認為，偉大不是時勢創造的，而是主動抉擇創造時勢。

　　所以，挑戰很顯然是：你清醒了嗎？可以做出清醒的抉擇嗎？準備做個清醒的領導人嗎？準備要領導一個清醒的企業嗎？

　　但，到底什麼是「清醒」真義？

　　美國全食超市創立人麥凱（John Mackey）2014 年在哈佛出版的《清醒的資本主義》一書，也以企業實蹟與實力想挽救飽受攻擊的傳統資本主義。現在，「清醒」的資本主義者也越來越多，越是

說明企業經營的目的不會總是歸結到「為股東創造價值」的單一目的了。

　　管理學上講的「清醒」，在心理學上稱是人腦的「意識」（即，conscious）部份，是指邏輯、理性、分析與執行意念及短期記憶的部份。這部份居然只佔了腦部總活動約 5％而已，另外的 95％屬非意識部份，很像是自動系統般地在導航著人們每日生活。而很多人也是如此這般、或渾渾噩噩地一日過一日。

　　非意識部份裡，有一部份稱為潛意識（subconscious），是人腦長期乃至永久的記憶、情緒、習慣，以及身體自衛自保的部份。這部份的腦從不休息，永遠在工作中，號稱每秒在處理著高達 80 到 110 億 bits 由外而傳入的資訊──資訊由五官匯入，五官中光是眼就佔了約 80％，再加上約 10％的耳資訊，就構成腦絕大部份的資訊來源了。也難怪聰明的中國古人說「耳聰目明」、「兼聽」及「眼光」的重要了。

　　這個紛亂理論中還有一部份稱為「無意識」（unconscious），無意識是儲存寶庫，號稱是人類宛如地底深處般的圖書館；心理學家榮格（Carl Yung）所稱的人類共同基因所存的「集體潛意識」，大約也在此了。心理學家的無意識與醫生說病人失去意識的無意識，在意義上也很不同。

　　眾心理學家們自己在意識、半意識、前意識、潛意識、無意識上都已百家爭鳴、莫衷一是，我們就到此為止，不再深入。但，更重要的是，我們應該多多運用「意識」的腦去積極思考、分析、決策，活出「清醒」且更有意義的人生。

　　管理學上的「清醒」，我最喜歡的是巴瑞特（Richard Barrett）

做出的最簡潔的定義，他認為清醒是一種具有宗旨或目的性的一種覺醒（awareness with a purpose）；亦即，清醒是一種覺醒（含有如自覺 self-awareness，與他覺 social awareness，及其他的覺醒），但還要再加上一個清楚的目的。所以，我喜歡「清醒」這樣的中文翻譯。

清醒也意味著思想、感覺與觀念的覺醒狀態，也是知覺外在與內在事與物的一種覺悟狀態；而且是有其宗旨上、目標上的覺醒。清醒之源是人類在追求並滿足「需求」（needs），因此也形成了動機與驅動力。

巴瑞特也是清醒資本主義與價值觀經營的推動者、先驅者。他曾是世界企業學院董事，後來創立顧問公司，著書立說，在全世界各地推動企業的「轉型」改革。他認為每一個「需求」代表著一個「清醒」（consciousness），而每一個「清醒」裡又相對應著「價值觀」。

談人類需求，你就不能不回到馬斯洛的人類五階層需求的立論上。從最基本生理需求的第一階層，到最高第五階層的「自我實現」，依次是：

● 第 1 階層：生理需求；如，食衣住行等的需求、追求與滿足
● 第 2 階層：安全需求；如，安全與安保上
● 第 3 階層：社交需求；如，歸屬感、愛、關係、朋友等
● 第 4 階層：尊重需求；如，被尊重、聲譽、成就感、能自尊
● 第 5 階層：自我實現需求；如，達成潛能的全發展、追求自我成長與巔峰經驗。

　　巴瑞特以這五階層需求為基礎進行清醒思考，他認為從第一階層的求生存到第五階層的潛能實現，基本上都是偏向自利的。所以，他合併了第一與第二階層，並在第五階層上繼續做了進一步擴充，再提升以求「共利」（common good），作成了巴瑞特所謂的七階層人類清醒（human consciousness），如下圖：

圖3-3　巴瑞特的人類七階層清醒度

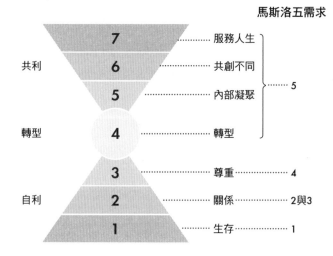

　　這七階層的「清醒」又可再進一步大分為三個領域，亦即，個人的、組織的與領導力上的；也分別有了它們相對應的價值觀，實例如下。

個人領域的相對應價值觀

共利部分
7. 服務人生：慈悲/同情力（compassion）、謙虛

6. 共創不同：意義、宗旨、協作、同理心/同情心

5. 內部凝聚：真誠、誠信、創意、熱情、信任

轉型部分

4. 轉型：調適、不斷改善、勇氣

自利部分

3. 尊重：自信、自律、驕傲

2. 關係：家庭、友情、歸屬感、公開溝通

1. 生存：健康、財務穩定

組織/企業領域的相對應價值觀

共利部分

7. 社會：CSR、倫理、謙虛、同情力（慈悲）、願景

6. 社區：協作、利害關係人協作

5. 組織：員工的自我實現

轉型部分

4. 轉型：當責、賦權、團隊、創新、目標管理、個人成長

自利部分

3. 尊重：生產力、品質、績效

2. 關係：客戶滿意、忠誠、公開溝通

1. 生存：股東價值、組織成長、員工健康安全

很顯然地，不論在個人或組織領域裡，我們的需求/清醒/價值觀，大多仍停留在自利上與轉型邊緣上。但是，如果仔細循例去思考，你一定會發現，已有許多卓越企業早已走在時代之先，在幾十年前，他們都已經在想、在做，已進入共利時代了。

在激勵員工上，只有極為少數的領導人選擇用啟迪法（inspire），而不用操控術（manipulate）。
　　　　　　　——賽門・西奈克（Simon Sinek），美國著名作家與激勵大師

綜合來看，組織/企業在「轉型」的層級上，有四大轉變如下：

1. 從利潤驅動的模式，轉型到價值觀驅動模式
2. 在全面的七個層級上，都在量度是否成功
3. 從管理型管理，走向激勵型或賦權式管理
4. 願景—使命—價值觀的文化管理，明顯出現了

如果以個人發展的角度來看，如果你大多只是在第 1、2、3 層級上，那麼你的工作就是單純一種工作（a job）；如果，你常是在第 3、4、5 的層級上，那麼你的工作可能已經轉型到事業（career）了，恭喜；如果，你常在第 5、6、7 的層級上，那麼你的工作已經成為一種使命（mission）、一種感召（calling）、一種志業了。

在組織清醒度上，企業不會在單一層級上，大部份企業的營運是留在第 1、2、3 層級上，有一部份企業則在第 3、4、5 層級的轉

型上。只有一小部份的企業常在第 5、6、7 層級上，但在極大的營運環境壓力下，他們有時也會又跳回到第 1、2、3 層級上的經營了。

也難怪麥凱在經營全食超市時仍是被視為激進駭俗。但，他堅持不回到傳統資本主義的利潤最大化與「股東價值」至上，堅定地轉向清醒資本主義的「主要利害關係人價值」的價值觀經營。

領導力的七階層清醒

「領導人」的真義是，走到前面去，領之、導之，與「經理人」雖有交集區，仍是有很大區別的。在經過個人清醒與組織清醒的衝擊後，現在，我們更合適再來探討領導力的清醒了。巴瑞特的研究成果仍然是我們的最佳參考，他說，相對應於個人清醒與組織清醒，領導力的七階層清醒是：

7. 願景領導人；價值觀如：願景、未來世代、倫理

6. 僕人式/夥伴；價值觀如：員工成就、環境關懷、策略聯盟

5. 整合者/啟迪者；價值觀如：共享使命價值觀、建立文化

4. 輔導者/影響者；價值觀如：創新、學習、團隊、賦權

3. 經理人；價值觀如：生產力、效率、品質、系統與流程

2. 大家長；價值觀如：利害關係人關係與溝通

1. 獨裁/專制者；價值觀如：指導、權威、強烈責任、管理逆境困境、股東價值。

看來，我們的領導人停留在第 1、2、3 層級似乎太多、太長、太久了，我們需要更多的第 4 階轉型領導人。事實上，組織 / 企業

的轉型是起自他們領導人的個人轉型,所以,領導人的領導力清醒很重要了。

　　經過這些分析、討論與例舉,我們可以更深切地了解價值觀的意義、源起,也有了不少價值觀實例了。我們知道了價值觀本身也有等級之分,在個人與組織成長的過程中,別忘了要提升;也別忘了要平衡,還有,長久不變的「核心價值觀」部份。

3-3 馬斯洛「人類五需求」的今與昔：提升與改進

圖 3-4　馬斯洛典型的人類五層需求圖

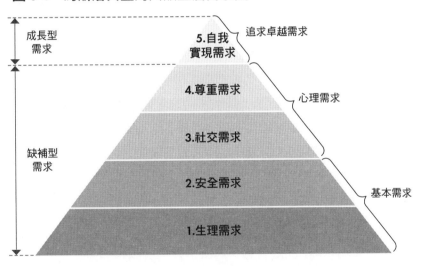

追根究柢，我們還是得回頭再談談馬斯洛五階層人類需求論的今與昔。

猶太裔美籍心理學家的馬斯洛在 1943 年（時年 35 歲），提出了這個名震一時的人類需求五層級模型。主要論點如下：

● 這是人類的需求分析，人們因此一生被激勵著去完成這些需求。

● 某些需求排在另些需求之前，需求有層級之分。

● 人們最基本的需求，是生理上的生存需求。

● 一個需求滿足後，開始追求另一個、下一個需求，這樣一路被激
　勵去做。

● 一定是先滿足下層需求，才能更往上追求。

　　從第一階到第四階是為「缺補型」需求，當不滿足時，人們會
很努力去追求；縱使要花很長時間也會持續著，但一經滿足後，激
勵效果就開始下降了。

　　第五的最高階自我實現需求是屬於「成長型」需求，一旦進入
後就不會滿足、不會終止。他們追求潛能的全力發揮，追求卓越、
追求巔峰經驗，像運動家、藝術家們追求極致，希望不斷超越自
己。在這層級上，也開始有企業家們真心認為能為社會帶來更大價
值，他們為更好明天、更大共利而努力工作。

　　馬斯洛說，只有少數、個位數字百分比的人類，能夠達到第五
階層。在這階段上有不斷想發揮潛能、追求卓越的需求，甚至也在
思考如何超越自己，也從自利思考到共利了。

　　然而，在後來的歲月裏，馬斯洛自己就開始經由實證而修正
了，例如：

● 在各階層上，並不需要 100％滿足──只要多多少少滿足後，即
　可往上繼續追求。

● 需求的次序也非一成不變，而是依外在環境與個人差異而有彈
　性。對某些人，尊重比社交更重要。對某些人，最高階的自我實

現甚至比第一階的基本需求還重要。

● 被激勵的行為可能同時來自多個、甚或所有的需求。

● 有些人的需求始終維持在較低階層上，沒有向上一級發展。

● 有些人因重大變化而在各層級間來回振盪跳動，而非單向移動。

　　人類史上還真有不少這些實例。例如，在第一階身體生理的需求滿足上：

● 我們原以為「衣食足而後知榮辱，倉廩實而後知禮義」。哪知有人繼續在此鯨吞蠶食，並沒有向上階層發展。

● 孔子評他的大弟子顏回：「一簞食，一瓢飲，居陋巷，回也不改其樂。」顏回可是直衝至第五階層發展的。

● 印度很多窮人三餐不繼，但仍是越過第一與第二階層，進入了第三與第四階層；甘地是典型的第五階層人物。

● 一生窮困潦倒的荷蘭畫家梵谷，也昂然進入第五階層，還不斷地想超越自己。

● 中國古人的「安貧樂道」中，貧是在第一或第二階層上，「道」則肯定在第三、四、五階層上。也說明「窮斯濫矣」是不足取的。

　　就在馬斯洛辭世前不久，他把需求五階層提升到了七/八階層了，如下圖。第一到第四階層是一樣的，所以圖 3-5 只畫出第五到第八階層。

圖 3-5　馬斯洛後來修正的新階層需求

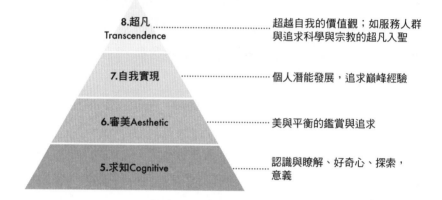

8.超凡
Transcendence ⋯⋯⋯⋯⋯⋯⋯⋯　超越自我的價值觀；如服務人群
　　　　　　　　　　　　　　與追求科學與宗教的超凡入聖

7.自我實現 ⋯⋯⋯⋯⋯⋯⋯⋯　個人潛能發展，追求巔峰經驗

6.審美Aesthetic ⋯⋯⋯⋯⋯　美與平衡的鑑賞與追求

5.求知Cognitive ⋯⋯⋯⋯　認識與瞭解、好奇心、探索，
　　　　　　　　　　　　　　意義

在這張圖中，我們很高興看到第八階層的發展，本書其他章節如後設道德的發展與價值觀的發展中也看到了相呼應的論述。

在新的第五層級中，我們看到了價值觀的重視與發展。

很令人惋惜，馬斯洛在 1970 年、62 歲時就去世了，他去世前還建立了一個框架，容許他身後其他心理學家能夠繼續添加更多資訊。於是，我們在 2011 年時看到了心理學家 Louis Tay 與 Ed Diener 發表了他們對來自 123 個國家、共 60,865 人，在 2005 年至 2010 年五年間，針對馬斯洛的需求理論所做的實測實驗成果。其中至少有兩項結論彌足珍貴：

一、不論國家文化的差異性，「普世的人類需求」是存在的。人類需求有其共通性，依國家文化而有其重要排序上的不同罷了。所以，在這個世界上，確有「普世價值觀」存在的，雖然共產主義者總是不承認。

二、這些人類需求常可單獨運作，但它們像維他命一樣，我們需
　　要它們全部。在自我成長的自利之後，我們已經介入共利時
　　代了。

　　2013 年，在法國、英國、加拿大與美國各大學講學，也
在企業當顧問的巴瑞特，出版了他的新書《The Values Driven
Organization》（價值觀驅動的組織），他把馬斯洛需求理論的「人
類需求」化為人們的覺醒與清醒，再化成七個不同層級的「價值
觀」，用以驅動個人的發展、組織／企業的發展，乃至領導力的發
展。偉大思想家們的睿智思考與先行企業家們的躬身實踐，讓我們
清楚看見價值觀應用的來龍去脈與現在未來——更有信心迎向未
來。

If all you have is a hammer, everything looks like a nail.

如果你只有鐵鎚，每件事看起來都像是釘子。

——亞伯拉罕・馬斯洛（Abraham Maslow），
《科學的心理學》，1966 年

小結：兩型不同的領導力發展

　　馬斯洛有關的故事講完了，如果要做個小結，我想要小結在兩
種不同的領導力發展上，如下圖：

圖 3-6　兩型不同的領導力發展

針對員工需求，外在激勵法似乎是簡潔、有力、易行、速效。記得杜甫這句名詩嗎？

安得廣廈千萬間，大庇天下寒士俱歡顏，風雨不動安如山。

這首詩是杜甫在四川成都的「杜甫草堂」寫成的，我在成都講學時，曾親臨其境，很有感觸。當時，他顛沛流離，經甘肅而至此地，朋友幫他蓋了這「草堂」。後來，草堂被暴風雨吹得支離破碎，再加上世局混亂，他在長夜漫漫中寫下了這首詩。

杜甫當時亟需一個安身立命之所，如果有人拿了一棟風雨不動的廣廈與他「交易」，會否贏得他的忠心？可能。如果再加上有保安讓他心安，他有了很大很強的歸屬感，再加上很高的「被尊重」感——絕非「嗟來食」，那麼杜甫的需求滿足度會超高了，會不會換得他餘生的忠心耿耿、忠肝義膽？應該會。掏心掏肺呢？應該是不一定了，這要在志同道合上才能搞定——尤其是對優秀人才。志是志向，英文稱 vision（願景）；道是價值觀，亦即 values。

　　志同道合，需要的是心理上契合的轉型工作，也就是由價值觀所驅動的領導力了，亦即進入了「轉變型領導力」（transformational leadership）的領域了。

　　附筆一記的是，杜甫在風雨草堂四年間共完成了 240 餘首詩，是他創作的最高峰期。看來，他在第一階層需求未滿足時，卻直上第五階層自我實現了。

　　加油，台灣人，別在第一階層一呆一、二十年；這也是馬斯洛後來對人類最大的期許。同時，我們也需要轉型領導人。

第 **4** 章
價值觀激發的行為與行動

圖 4-1 從價值觀到績效的一路發展

績效與成果

行動 ● Actions

本章主題

行為 ● Behaviors

態度 ● Attitude；一種心態，心態致勝

原則 ● Principle；有優先考量，是「答應去做」

哲學 ● Philosophy；有專題介入，是「應該要做」

Values；需進一步釐清，以增強信念

價值觀 ●

強項

模糊區

台灣經理人

弱項

講一個發生在約二十五年前，但精彩依舊的故事。

1993 年初，美國國之寶 IBM 公司幾乎已判定要分拆或敗亡，在這危急存亡之秋，一位電腦門外漢的葛士納（Louis V. Gerstner, Jr.）要接任新執行長，挽救這家全球最大的電腦公司。在正式上

任幾天前的一個會議上，他小心翼翼地宣布他以後管理 IBM 的八大「哲學」，如：我們應該要做的每一件事，都由市場決定；我將深入介入策略訂定；快速行動，犯錯在所不惜；我非常不重視官階層級……共八項。正式上任後約五個月，他再度發表九大領導「原則」，並電郵給全球員工。

後面的拯救奇蹟，你都知道了 —— 葛士納居然救活了 IBM，並把 IBM 推向另一個發展高峰。十年後，他把執行長大位交還給一位內升、正統文化的 IBM 人。在他親筆自寫（很少 CEO 自傳是自己寫的）的傳記《誰說大象不會跳舞》（Who Says Elephant Can't Dance）裡，他說，十年後回想起來，自己都很驚奇，「八大哲學」正確無比，是他後來十年裡一直在遵循的；而「九大原則」也造成後來公司文化上巨大的改變。

在管理上，所謂的「哲學」或「原則」的相對定位，大抵如圖 4-1 所示。你可以發現它們隨後如何影響員工的心態、行為與行動，乃至績效與成果。這點與東方企業老闆們喜歡管「程序」（procedures）、不管「原則」（principles）很不相同，卻很具參考價值。

價值觀—哲學—原則，是在影響著許多優秀人才的聰明腦袋的。身為領導人，你怎麼可以不想清楚，然後大聲說明白？等到「態度」時，影響程度已經開始表態了，因此人們常說：態度決定勝負。如果這是真實，那麼「價值觀—哲學—原則」，就是孫子兵法中的「先勝」兵法了。「行為—行動」是真刀實槍，大小老闆們就別在「行動」的許多程序或動作上指指點點了。現代管理學上稱這些指指點點的細部指導是「微管理」（micro-management），很多優秀員工都很討厭它們的。

「行為」與「行動」有什麼區別嗎？

一般來說，「行為」是一個人在面對外在刺激或資訊時所產生的反應。這個反應可能是有意識或無意識的、自願或非自願的、公然或隱性的。這個反應可能較偏向機械式的身體移動，是沒有企圖心或特別意義的。是故，常是對刺激的一種自動反應。

本章想討論的是，如果這個外來的刺激或資訊是一種價值觀，或哲學、原則時，如果讓行為變得有企圖、有意義，更主動呢？會有何積極效應？

「行動」是一種作動（act），一種活動（activity），通常包含著個人的覺醒，是有其目的性的，是目標導向的；常是一個流程，是連續性的，有主觀意義的。如果，這個行動背後有很強的價值觀與目標、願景、使命在支持時，行動會不會更有效率與效果？

所以，在行為時，人總是心繫價值觀；在行動時，人總是眼望目標與目的。

在本章中，我們要有系統、有步驟地，以實例來探討如何實踐、強化以價值觀為中心的領導力，並達標致果。

在我們所有的研究個案裡，我們發現，偉大的領導人們都是在乎價值觀，在乎目的（purpose），在乎有用性（being useful）。他們的驅策力與標竿最終都來自內在，是在內在深處的某處升起的。

——詹姆・柯林斯（Jim Collins），《十倍勝，決不靠運氣》（Great by Choice）

「只要我喜歡，有什麼不可以？」：有倫理或價值觀在其中嗎？

The central issue for business is never strategy, structure, or systems.
The core of the matter is always about changing the behavior of people.
企業的中心議題從來就不是在策略、結構，或系統；問題的核心總
是關於人們行為的改變。

——約翰・科特（John Kotter），領導學專家、哈佛前教授

「只要我喜歡，有什麼不可以？」
「反正我會交出成果的，不要管我中間要怎麼做。」
「我一步一步都是照你的指示做，我不需要為成果負責吧？」

　　世界上許多的優秀公司多在對員工的行為準則提出要求，甚至
強行管理了。在本節中，我想用三個角度與實例來做些解析。三個
角度是：一、偏向自管；二、偏向他管；三、是自管與他管兼而有
之的企業文化式邊界管理。

　　第一個是偏向自管行為的，以 Google 為例。

　　Google 在經過自己內部的 Googleplex 數據分析，外加無數的實
際績效評核、員工反饋調研，以及優秀經理人提名作業與追蹤考

查，累積了總共超過一萬個案件、一百多個參數。最後，他們得到著名的 Google「頂尖經理人必備八項行為準則」，這個計劃稱為「氧氣專案」。他們很重視這些正在管理著無數精英人才的 Google 經理們，怎樣做一個更好的老闆。他們要把 Google 當成一個有機體，在最重要循環全身的血液裡，注入不可或缺的氧氣。

　　Google 相信，他們千方百計聘進來的人才，後來之所以會選擇離開，有三大原因：

1. 不瞭解或無法連結上公司的使命，或無法感覺到自己工作的重要性。
2. 實在無法喜歡或尊敬他們的同事們。
3. 他們有個壞老闆——亦即，壞壞的直接頂頭上司。

　　而且，第三項是個最大參數。於是，Google 啟動氧氣計劃，要幫助這些也是從優秀技術人才升上來的老闆們，做好他們日常的管理工作。這八項經理人行為守則是：

1. 當一個好教練
2. 賦權你的團隊，別再「微管理」了
3. 對團隊成員的成功與福祉表達出關切
4. 別優柔寡斷，要有生產力與成果導向
5. 做一個優秀的溝通者，傾聽團隊的聲音
6. 幫助你的員工做好生涯發展計劃
7. 為你的團隊做出一個清晰的願景與策略

8. 要具備關鍵性技術能力，以期協助團隊做出建議

　　這八項行為守則在 2011 年 3 月在企業內部公告週知後，還上了紐約時報的頭條新聞，Google 號稱要推動五十年。但，因成功的基礎數據主要皆取自 Google 自己歷年來頂尖經理人獎的得獎事實，他們倒是不建議外邦人也應用。2011 年後，公司持續追蹤，發現堅守這八項行為守則的人確實更容易成功，對公司留住並發展人才與自己做事、乃至得獎都有更大幫助。

　　這八項行為守則的重要性也是依序排列下來的。大家原以為重要無比的技術能力，卻只能擠入最後一項；不過，它其實也是百餘參數裡的前八項，故技術能力確也是重要無比。

　　Google 在內部提供教練幫助經理人認真執行這八項行為，每個人每個月先選其中幾項不斷執行，讓自己與別人都開始慢慢習慣這些新的行為改變。當這些行為不斷地重覆執行，久而久之，許多經理人已經變成一種潛意識性的自發性反應了，這時「行為」慢慢就變成為「習慣」。所以這八項行為守則在 Google 又被稱為：高效 Google 經理人的八個好習慣，模仿的是柯維（Stephen Covey）著名的「高效經理人的七個好習慣」。

The higher you go, the more your problems are behavioral.

你官位越爬越高，越來越大的問題會是在行為上。

　　　——馬歇爾‧葛史密斯（Marshall Goldsmith），全球最著名高管教練之一

　　這八項「行為」或「習慣」，在 Google 內部沒有強制性，但被強烈鼓勵著。我覺得這八項行為守則，也很像我們客戶之一的美國康寧公司所公告週知的十項 Unwritten Rules——原本是未明寫的，是公司一些成功人士的成功守則；成功人士不再藏私，選擇公諸於世。那麼，什麼又是 Written Rules 呢？當然指的是企業核心價值觀所直接衍生的各種行為準則，通常有些項還是公司鐵律，違反了這些行為，不管有沒有造成後果，總是先行懲處的。

　　所以，優秀公司希望員工工作有成果，但也要求中間的行為；若一些行為有誤，即便沒真正闖禍，公司還是會做出懲處。台灣在安全管理上的一個很大誤區是，他違反了安全規定，可是沒真正闖禍或闖禍不大，就輕輕放過——莫非等下次惹下滔天大禍時再一起罰吧？

　　第二個行為管理模式是偏向強制性，我要舉 GE（奇異電氣）為例。

　　阿里巴巴 2000 年在美國華爾街公開上市時，募得了天價資金，名震一時。華爾街分析師們好奇，這是一家怎樣的公司？一個什麼樣的企業文化？想當然耳，他們的企業文化應該與 Google、eBay、Yahoo! 等網路公司類似吧？後來，卻意外發現，其實不然，阿里巴巴的企業文化居然是與美國 GE 的企業文化類似；最後才發現，原來馬雲企業文化的操盤手，是個在 GE 工作二十餘年的關明生，他在擘劃並建立企業文化時，曾得到馬雲的高度認同與信任，就放膽設計與施行了。

　　這兩家公司對績效良窳的認定，使用了相似的矩陣法；矩陣的橫軸是：「價值觀契合度」，亦即，員工對公司「核心價值觀」的認

同度與執行度。矩陣的縱軸是績效表現，各自表現程度如圖 4-2 所述。

圖 4-2　員工表現的綜合評估

價值觀契合度

績效		需強力改進	需提升	高強度
	高績效者	需要改變價值觀	給予價值觀教練	擢升/擴展
	中績效者	危險狀態	給予價值觀與績效教練	給予績效教練
	低績效者	開除	危險狀態	需要改進績效

　　傑克・韋爾許（Jack Welch）管理 GE 二十餘年，創造了輝煌成績，被《財富》雜誌評為「世紀經理人」。他對員工——尤其是各階領導人——是不是「對的人」非常在意。什麼人是「對的人」？很簡單，就是志（即願景）同，道（即價值觀）合的人。對於績效很高，卻不認同公司價值觀、也不願改變價值觀的人，尤其是在高位上的，會對公司未來長久發展造成負向影響，韋爾許總是要求他們盡速離職。

　　「價值觀」會占有這麼重要的位置嗎？是的。全球許多卓越企業，企業文化旗幟鮮明，你可以看見他們高管們來來去去背後的脈絡蹤跡斑斑可考。

中國的阿里巴巴用的是比較簡單的四格版，如圖 4-3 所示：

圖 4-3　阿里巴巴對員工表現的綜合評估

價值觀符合度

		低	高
績效	高	C （野狗）	A （獵犬）
	低	D 走了	B （小白兔）

對於 A 類人才，阿里巴巴曾暱稱為獵犬，是創造公司績效也忠誠於公司文化的人才，公司要全力培養。B 類人員對公司核心價值觀有強烈認同，但績效仍差，應以輔導或輪換更適合的工作；他們是小白兔，再給幾次機會，如果無法提升績效，那也是請走路了。C 類人員績效很高，但行事不符合公司核心價值觀，被稱為野狗，要及早移除。至於 D 類人員，不用多說，直接請離了。

阿里巴巴有六大核心價值觀，每個核心價值觀又各自發展出五項正向行為，故共計三十項正向行為。他們每年都針對這三十項行為做評量、打出分數，並佔去總績效評量的 50%比例。他們也說，其中有幾項不必打分數，若有干犯就是直接請離；誠信就是其中其一。他們曾經在開業初期，發現業績合佔全公司約六成的兩位超級業務員，涉及舞弊而即予開除；廣州全體團隊也曾被全體開除，因為在升等考試中集體作弊。

　　所以，企業的「核心價值觀」所衍生的行為守則，總是規範著所有員工的行為，進而形成文化。因此，有員工滿是以公司為傲，會很驕傲地拍著胸脯說：「我們公司不會做這種事」、「這就是我們公司」！

　　核心價值觀所衍生的行為不只是核校員工績效的一部份，也成為升官進階的標準，許多公司更往前推進，成為公司進用人才的標準。越來越多的公司都想在一開始時就選對人才，進來後就更好任用、培養、留任而成為未來領導人了。

The actual company values, as opposed to nice-sounding values, are shown by who gets rewarded, promoted, or let go.

公司真正的價值觀——不同於好聽的假價值觀，它們彰顯出哪位員工可以得獎、可以得到拔擢，或要請走路。

——Netflix 文化手冊

　　依照行為學的原理來說，沒有任何行為是可以長期持有的——除非藉助於一種正向加強器，如獎勵或升官措施，或一種負向加強器，如懲處。

　　員工行為該被管理嗎？答案是肯定的，世界級優秀公司尤然。不會是放任式的容許，如：只要我喜歡，有何不可？或者，我會交出最後成果的，別管我的行為。領導人的行為也要被管或自管嗎？答案也是肯定的。領導人更應做出典範，以身作則才能完成有效領導，故，許多卓越領導人自律更嚴。

行為標準何在？最通行也最可行的，當是來自企業文化；因為企業文化中的「志（願景）同道（價值觀）合」就定了調，價值觀形成了行為的邊界條件，不可踰越，願景或使命更進一步地說明了方向與目的。可惜，大部份的企業推動企業文化無方也無力，也就沒效果了。

那麼，就一切聽從直屬頂頭上司的話了嗎？可是，老闆常常朝令夕改、喜怒無常、標準很亂；而且，還從雍正學了樣，常表現出「朕就是這樣」的架子。更麻煩的是，老闆常常換，一朝天子一朝臣，好不容易養成的配合行為，乃至習慣，又得常常改換，導致了錯亂。

所以，好公司例如 Google 和康寧，幫經理人找出成功經理人的典型行為。這些行為準則原本心照不宣，不必說出來、更不用寫出來，只是有智者或有緣者看出、行之、成之。現在，成功祕笈已公開，員工與各階領導人就是努力實踐；成功與否，端看各自的執行力了。

核心價值觀所衍生的行為準則，更應該遵守；因為，核心價值觀是企業正式聘請人、擢升人、處罰人、獎勵人，乃至開除人的重要參考。

以「當責」（accountability）這個目前常用價值觀為例，在實踐時就需進一步化為日常工作時的行為準則。例如，甚麼是要被鼓勵的當責正向行為，或要防止或改正的當責負向行為；經企業內部員工討論後，領導人再選出更有急迫性的項目，準備好了就在企業內推動。有一些公司的實際例子如，當責正向行為有：

❋看到不當責的人與事，善意提醒。

❋當面溝通，就事論事；多管「閒事」，勇於踩部門或階級之線。

❋為了交出成果，敢於爭論、敢於 PK 老闆。

❋敢於批評與自我批評，敢於承認錯誤，並承諾改善。

❋敢管閒事，有踩線的心態，也有被踩的胸懷。

❋One more ounce，直指結果。

❋首先自己當責，同時不容忍他人不當責。

　　應防範或改正的當責負向行為呢？實例更多，優先項目又如：

❋只管傳球，不管對方有否接住？或，是否需要幫助？

❋滿足於平庸，無過便是功。

❋只開會、只關注活動，不關注成果。

❋指責抱怨，陷入受害者心態。

❋「那不是我的工作」。

❋這事我很早就說過，沒人聽（馬後砲；事後諸葛亮，事前豬一樣）。

❋這是老闆的意思，我也沒辦法。

如果，你的行為與過去沒什麼不同；

那麼，你也不該期望能獲得什麼不同的成果。

——史蒂芬・邁哈特（Stefan Merath），《超越極限》，德國創業家、高管教練

　　然後，許許多多的活動在鼓吹乃至獎勵正向行為的，就在各處各地如火如荼展開了。活力無比，尤其是在中國地區。

　　美國 PwC 顧問曾對全球前 2,000 大企業的 CEO 們做過調研，顯示有 47％的受訪 CEO 認為：「重塑企業文化與員工行為」是他們的優先要務。

No matter how smart and experienced a new hire is, if the individual's values do not align with the company's culture, overall productivity will go down.

新進人員不論有多麼聰明與多有經驗，如果個人的價值觀無法與公司的文化連線一致，那麼總體生產力必將下降。

——《華爾街日報》報導

「西點軍魂」喚起的領導力：也廣用於企業界

Encourage us in our endeavor to live above the common level of life.
Make us to choose the harder right instead of easier wrong, and never to
be content with a half truth when the whole can be won.

鼓勵我們戮力活出超越平凡的一生。

讓我們選擇艱苦的正路，而不是平易的歧途；而且，絕不在可以贏
取全部真理時，卻滿足於一半。

——摘自〈西點軍校生祈禱文〉（Cadet Prayer）

美國有一個叫 Conference Board 的組織，經常發表備受矚目的
全球經濟前瞻性報告，這個組織大約有兩千餘位企業會員，分別來
自五十餘國家，包含全球 500 大企業裡大部份的企業；故，中文被
譯為「世界大型企業聯合會」。

世界大型企業聯合會在一次紐約舉行的年會中，邀請了「管
理學發明人」的彼得‧杜拉克與「世紀經理人」GE 前 CEO 傑克‧
韋爾許兩人一起對談，主題為：如何更有效地培育領導人。其間，
曾論及世上哪個組織或企業，最擅長培育領導人？兩位管理界的一
代傳奇人物，很意外地都沒選上大家耳熟能詳的哈佛商學院、麥肯

錫顧問公司，也沒選 GE、IBM 或 P&G；他們不約而同、熱情地選擇了：美國西點軍校。

這次討論之後，也促成了杜拉克領導學院與美軍及 Conference Board 開始了許多有關領導力的聯合研究，激勵了各行各業的許多領導人。

美國陸軍西點軍校百年來鍛鍊領導人的核心理念，正是品格（character）的教育與實踐。

詳論西點軍魂的《品格！西點軍校的領導新定義》（The Warrior's Character）一書作者史耐德博士（Don M. Snider）說：「在領導力裡，品格的重要性排行第一；沒有了品格後，技能、能耐，乃至願景都沒有用處了。」史耐德博士從西點畢業後服役軍隊近 30 年，後來重回西點擔任教授。他著書立說，提綱契領闡明西點軍魂的中心是西點無特定宗教色彩的〈軍校生祈禱文〉（Cadet Prayer）。這個祈禱文在過去一百年來，為所有軍校生注入了道德領導力，再結合美國陸軍七大基本的、永恆的價值觀：

忠誠、責任、尊重、服務、榮譽、誠信、勇氣

它們總合塑造了偉大的基礎領導力 —— 不論是在軍隊裡、在商業裡，乃至在人生裡。

西點就是有能力把這些價值觀內化融入領導人，以提供領導人穩固的品格基礎，把價值觀與原則應用在決定與行動上，隨時隨地展現出「做對的事」的勇氣、自律與承諾，在這個多變、混淆、模糊、不確定的世界裡，塑造出難得的品格領導人（leader of character）。

美國陸軍退役中將暨前西點軍校校長的海根貝克（F. L. Hagenbeck）在長期對抗激進伊斯蘭恐怖份子的各種襲擊後，有感而發說：「這些恐怖份子適應力強、陰險狡猾，完全無視於道德；他們的戰術和戰鬥技巧，藐視了所有國際戰爭法則。於是，在危急困境之下，我們的部隊也難免面臨『以牙還牙』的誘惑。唯有具備了高度道德情操，才能讓袍澤與領導人抵擋住那些誘惑。這許多獨特要求，正落在我們陸軍領導人、尤其是年輕領導人的肩上。」

宛若暮鼓晨鐘，在被稱「無商不奸」的商場上，何嘗不是到處隨時都有陰險狡猾的「恐怖份子」。你身為企業領導人也迷惑於以牙還牙，以其人之道還治其人之身，或同流合污還振振有詞嗎？——別人都在做的，我為什麼不可以做？

西點軍校成立於 1802 年，很巧與杜邦公司的創立正是同一年；杜邦公司有一任 CEO 也是西點出身的。西點軍校幫美軍培養了無數優秀領導人，許多畢業生或退役軍人轉任商界，也成為卓越領導人。據統計，自二戰以來，西點畢業生在財星 500 大公司任職過 CEO 者已超越千人，難怪杜拉克與韋爾許都對西點培育的領導人推崇備至。

你覺得商場如戰場？或，更像爾虞我詐的政界？政界講究過多的權謀、操弄、妥協、平衡——是恐怖平衡。只有很少的政治家，如當代的德國默克爾與近代的美國杜魯門與雷根，在面對困境時敢大聲說出：我以價值觀做出決定與行動。此外，政客決策的成敗損益絕不如商人與軍人般的嚴峻，軍人會涉及自己與追隨者無數寶貴的生命。

商場如戰場,別學政場,西點軍校是典範。

儘管培養畢業生的道德品格在西點是眾所週知的要務,但當今許多頂尖大學並非如此。文學校普遍認為,在知識追求與道德培養這兩種目的之間,是有其明確分際的;學校是追求前者,可以忽略後者,後者應由隨後的社會與企業/組織去教育、訓練並解決。可惜,企業或組織的培育仍然是以技能為主 —— 而且是硬技能,連軟技能都免了,更遑論道德品格的教育、內化與實踐。然而,從經驗與實務來說,大學正是道德學習與生活的重心;可惜,大學不教不學,社會提供不全,青年人的大好前程只好靠自己了。

或許正是如此,所以領導界展現出的實蹟,是西點畢業生在這個「邪終是不勝正」的商業世界裡屢屢勝出,迭創佳績。

既然品格領導人(Leaders of Character)這般重要與稀有,什麼又叫「品格」?

西點軍校領導人發展系統(Cadet Leader Development System,CLDS)中對「品格領導人」是這樣定義的:

領導力是:一種流程;是要發揮影響力,影響別人以達成一項使命的。

品格是:一些道德品性;建構了領導人的本質,也形塑他/她的決定與行動。

品格領導人:尋求發掘真理,決定什麼是對的事,然後展現勇氣,依此而展開行動⋯⋯永遠如此。

這個定義經過細心設計,把領導人角色的兩個面向 —— 能力

與品格——結合成至關重要且不可分割的一個整體。所有的領導人與未來領導人，都必須了解，他們的行為與行動必須自然而然源自他們的道德品格。

Character 的中文意義是品格、性格、品性、特徵等之意。Character 的拉丁原文是 Kharater，是「雕琢」之意；當動詞用時，有刻之、印之、使之具有特徵之意。所以，品格顯然是不斷、刻意雕琢出來的；那麼，從何時何處有效地開始雕琢呢？

人類學家 Clifford Geertz 說：人類是一種「尚未形塑完成的動物（unfinished animal），後天形塑的比重是要大於天生的。所以，人類從品格到行為到行動，一生都有待塑造、改進或重塑。

每個人的個性（personality）都是天生天賦，是很難改的；在這個基礎上，隨後是一系列的塑造過程，如家庭教育、各級學校教育、成長環境與社會的教育，以及工作職場的教育，與自己一路上不斷的感動與學習與經驗。然後，在某一個點後，人們卻不再學習、不再被影響，很堅定地（或頑固地）要過此一生。本章圖 4-1 的起點則是許多人人生的一大轉捩點，這個起點是個人價值觀或組織價值觀——思索、確立、堅持，成就了更美好人生。

個人價值觀的思索、選定與勉力推進，可以是這個雕琢流程的起點。許多心理學家與領導學家常說，每個人的人生都有兩個最有意義的點。第一個點，是出生——你光臨了這個世界，真是意義非凡；第二個點，有些人卻一生都沒再遇見，那就是發現人生真義的點。在這第二個點上，你發現了人生宗旨、意義，及重要的核心價值觀。你若沒發現時，就靜靜平凡地度過一生吧。或許，那也是一種美好。

　　西點軍校生也許資質佳，又在人生關鍵點上有幸接受了組織價值觀與個人價值觀的強力雕琢，歷經行為與行動堅苦卓絕的考驗，終而練成品格領導人，走向更成功之路。

　　價值觀是具有可塑性的，它也像冰山的冰水交界面，常是若隱若現，時顯時潛；也像海岸線，浪來浪去，時顯時現。成功人士常常會努力去發掘它、彰顯它，還刻意發揚光大它，最後成為旗幟鮮明、言行一致的卓越領導人。否則，重要價值觀因疏於彰顯，疏於經營，慢慢地退出海岸線，或沉入冰山底，日久不復見。於是乎，過了一個人云亦云、載浮載沉、模稜兩可，不斷在妥協的一生。

　　組織／企業要雕琢一位品格領導人，從何處開始？從選人開始。聘用個人價值觀與組織價值觀相配相承的人，會是事半功倍的。從何時開始？當是從建立起明確堅定的核心價值觀開始。這些價值觀將要歷經各方挑戰，會是堅持不搖的。

　　以個人／員工的角度來看，是有兩條路。一是時勢創造英雄，在大時勢下接受雕琢，應該比較容易成為英雄。二是英雄創造時勢，堅持自己個人價值觀，立志披荊斬棘，要過關斬將、為英雄，這條路是艱辛的；成為英雄，創建組織／企業後，你還得再走一次時勢造英雄──這回是你在大時勢下要創造出許多英雄。還有第三條路：不理個人價值觀與組織價值觀，一路迷迷糊糊的平凡人生。

　　前述兩種時勢裡，都清楚說明了組織／企業價值觀不可或缺的地位。

「價值觀領導」一路上的「五力」：從「擁有它」開展力量

價值觀領導力（values-centered leadership）是以價值觀為中心，層層展開如本章圖 4-1 所示，一圈一圈向外發射而出；發射或展開時，有時慢如漣漪，有時快逾電光火石，在心念之間。什麼是領導力？杜拉克說得很坦白，他說：領導力不是演講討喜，領導力是要交出成果；所以他又說，其實，領導是枯燥無趣的。

真正的領導並不光鮮亮麗，甚至是枯燥無趣，你還想當領導人嗎？價值觀可以讓人重新得力，但還是總在先制約自己，講求紀律，價值觀領導力應也是無趣了 —— 確實如此，但領導人偉大之一，即是困知勉行，志在千里。

孟子在觀察許多偉大領導人的出身與成長後，得結論說：

> 故，天將降大任於斯人也，必先苦其心志，勞其筋骨，餓其體膚，空乏其身，行拂亂其所為，所以動心忍性，增益其所不能。

這裡敘述了五種苦難，在：心志、筋骨、體膚、其身、其所為之上，價值觀領導主要是在「苦其心志」與「行拂亂其所為」上。但，為長遠圖，受苦受難一定是「天降大任」的。期盼下述的五力，能在這漫漫甚至孤獨路上有所助益。

在組織／企業乃至個人的價值觀領導上，領導人應具備的五力如下所述。

一、擁有它

我覺得「擁有」比「擁抱」更強一些，擁抱再緊，仍覺得中間隔了一層。擁有它時，你甚至會覺得它是你的一部份，至少是像登記有案般的是擁有權人。擁有權也像是你擁有房子、車子……乃至一枝好鋼筆──你會珍視它、保護它、維護它、不斷審查它，生怕它有所減失，傷了有待修復。

這個「它」是價值觀，有個人的，也有組織的。通常是先有組織的，因為組織裡總是有高瞻遠矚的領導人存在過，我們後來加入了，受到了啟發，也因此思考並確立了個人的價值觀。大多數的人因此與組織相加相乘，水漲船高，成就更大；但也有一些人無法連線，難以相容，最後選擇離開。

我們常看到的是，組織彰明價值觀，徵求志同道合的「對的人」，然後也鼓勵發掘個人價值觀，最後與組織連線，達到最大契合度與成就感。

決定組織價值觀的最高領導人，又是哪來的價值觀？很多是來自宗教信仰、倫理道德及工作的深沉經驗（包含個人的與集體的），乃至參照別人期許自己的。不管來源如何，選定了就是真心的──想一下，為它而受苦受難仍心甘情願嗎？

你常違背自己的價值觀而做出決定嗎？如果是，它可能不是你真的價值觀。

如果，你違反了一個價值觀，卻也沒什麼悔恨，那麼它也不是

你真的價值觀。

這些價值觀縱使不是千挑萬選，也是精挑細選的，在各種選法中都是要逼出你的真心誠意的。既然是真心誠意選定的，就別三心兩意地受誘惑而背離了。

例如，「尊敬他人」是 HP 的核心價值觀之一。早期美國政府的大標案，標到後就得大量徵員，標案完成後又需大量裁員 —— 因為養不起。大量裁員被認定是不「尊敬他人」，最後公司領導人決定不再標政府大標案了。HP 算是百年優秀企業，幾年前也難免又陷入價值觀迷亂迷霧中，慢慢地又一步一腳印地走出來。

擁有它，比擁抱還強。

二、定義它

定義至少包含三項：

- 意義何在？雖然望詞生義，詞彙淺顯易懂；但，還是要你用兩三個短句說明，你可能與別人想法不同，至少當前重點不同。

- 目的何在？說明清楚為何重要？以方便分享，分享時也可振振有詞，還加強了說服自己與別人的功力。重要性總是要針對主要的「利害關係人」的。

- 內容是何？可以用三、五條具體的正向行為準則做個說明嗎？或針對當前的負向行為做個提醒？甚至另案說明，那些負向行為還會導致開除？

例如有一家醫院，他們的核心價值觀之一是「團隊合作」，他們寫下來的是這樣的：

核心價值觀：團隊合作
定義：鼓勵每一個人分享他們不同的觀點，創造一個珍視多元化思考與背景的工作環境。
正向行為：

◆ 與團隊裡的其他人分享成果與榮譽
◆ 藉著正面回饋、肯定他人，慶祝成功而鼓舞建立一種強大而具有包容力的團隊精神
◆ 在決策中，總是一致一定地包含將被這決策影響到的其他人
◆ 分享所有相關資訊以確保團隊成功
◆ 協力留住最佳人才以確保團隊實力

他們的正式文件裡，沒有列出當前最想修正的負向行為。但醫院所有人員都心知肚明，他們的另一條核心價值觀是：誠信正直，違反的人肯定是會走到開除之路——哪怕你是名醫或資深護理師。違反這家醫院的核心價值觀，頂多換家醫院，但違反了醫師倫理，連醫師的資格都沒了。

定義完成後，還要寫下來。大部份人還是喜歡口傳；口說無憑，還常以訛傳訛。有些人連說都不說，讓你猜——猜猜看朕今天的想法是怎樣？這些老闆喜歡玩聖上難明、天威難測的古老把戲。

寫下來，更可以幫助你嚴肅思考、整理邏輯，連自己都更清

楚、更自信了。

寫下來，不能留在日記裡，公告周知更具威力。我們有次在上海舉辦了一個兩天的當責領導力研討會，會中提到，為重要專案負起最終成敗責任的所謂「當責者」，一定要被公告週知，不可私相授受，讓全公司的人都知道他是當責者——這是責任，也是榮譽。

我才講完，一位學員加了評論：「這樣還不夠。」我隨口問：「那上海人還要怎樣？」他答：「讓他的太太也知道。」一席話引來哄堂大笑，這公告的威力確實越來越大了。

三、分享它

分享後的第一個受益者可能是領導人自己。因為，自己的管理原則已公開透明化，也有很大的儆醒督促效果，因為被領導者都在看著你是否言行如一，還是說一套、做一套。你不能退卻，心想或明說：「規則是我訂的，我也會改變它；你們遵守就是了，朕可以不必遵行。」這時，價值觀與企業文化都會崩盤，我們又退回人治時代，或皇上萬歲的時代。

分享的第一個對象，當然是全體員工，透過公司內部各種管道。分享的目的是在公司內形成共識，然後努力實踐價值觀所衍生的「正向行為」，並在公司的各方「行動」上有更大效率，而達標致果。

通常，檢驗價值觀成果是在員工的行為與行動上。總部改設到拉斯維加斯的「捷步」公司，是全美最大的網路購鞋公司，是台籍美人謝家華（Tony Hsieh）所創立的。目前雖已被亞馬遜盤購，仍保留著原有組織、品牌與文化——謝家華所建立的企業文化管理

聞名全美，想真正學好企業文化經營的人絡繹於途。參訪時，捷步不會主導活動，而是讓參訪者任意在公司裡訪談任何員工，總是讓參訪者滿載滿意而歸。

所以，幾個嚴肅檢驗，如：隨機找幾個員工，他們可以答出公司價值觀嗎？身為領導人，你最近在各種會議或員工閒談中提到價值觀嗎？提出幾次？

合適把公司價值觀帶回家裡嗎？算不算公私混為一談？或者應該上班下班兩個樣，像帶著面具上班──回到家把面具一脫，返回「真面目」？公司價值觀常常也會成為個人價值觀，至少有很大的重疊或不違反，否則你就走人了；這些價值觀，上班下班很自然會都是一樣，連「獨處」時也一樣──即為孔子說的「慎獨」。可惜，我們社會還是有許多人喜歡那種見人說人話，見鬼說鬼話，沒有原則、沒有立場，自以為「八面玲瓏」變色龍的人，他們沒有價值觀，有了也不分享、不想講、不想堅守。

第二個要分享的應是公司主要的「利害關係人」，例如客戶、供應商，又如投資人、媒體人，其他如政府或社區團體等。杜邦每年的歲末年初總要通知供應商（杜邦是他們的客戶）誠信正直的核心價值觀，也與客戶分享價值觀的經驗。

分享的主要部份，當是行為與行動後的「價值」──算得出來的，加上算不出來的。記得有一年，美國媒體對美國民眾做大調查，題目是：看到一家公司會想到他們什麼特質？其中一題是看到杜邦會想到什麼，答案居然是「安全」。在這樣一家公司工作，你會不會與有榮焉？工作與生活上會不會更珍視安全？

1990 年代早期，我曾去香港參加一個由英國人主辦的一個管

理研討會，會議進行中，主講人無意中一腳踢到一條電線，這位英國人尷尬地對坐在第一排的我笑一笑，說：「在杜邦，不會發生這種事。」

你有什麼關於你們價值觀的故事要對內對外分享嗎？企業文化就是這樣綿遠流長傳下去的。核心價值觀在公司內部形成企業文化，在外部也會形成企業品牌。

分享，足以自達達人，也律己律人；獨享，太可惜了。

四、機制化

價值觀的機制化，簡單來說，就是把價值觀像紗線般地織入組織的大衣裡。於是，影響著組織的策略、結構與系統、流程、專案、各型計劃的運作，乃至各項日常活動。於是，公司裡各級領導人常會在工作進行中「暫停」一下，自問或問人：「這樣做，合於我們的價值觀嗎？」

從正面來看，這是一個「連線校準」（alignment）的重要過程。企業價值觀確立後，推動時會首先檢查企業從策略到流程到日常活動，有無不連線或相違背處，如有就要進行修正——當然不是修正價值觀，價值觀的定位在組織架構上處於更高位。

有一家企業的高管們決定認真推動核心價值觀，在這機制化過程的校準裡赫然發現公司裡有五十多處不連不準、有待修正之處。

從另一個角度來看，企業裡每個人的行為與行動也是很自然地連上價值觀。

行動：有很強的目標與目的概念，總是要達標致果的。

　　行為：有很強的價值觀取向，要成為有品格、有原則的企業人。

　　在企業裡，行為表現加上績效表現才構成一個完整的評估，缺一就是缺憾。

　　聽過嗎？在中國，遠至夏朝就這樣想、這樣做了。夏禹稱帝後曾在浙江會稽山開大會，評估各諸侯的績效，他評估的標準是：爵有德＋封有功。意思是，僅有「功」不夠，還要再加上有「德」，不是光有一種。

　　現代的阿里巴巴，市值已近五千億美金，他們評估主管與員工的績效也是價值觀有關的行為表現＋工作成果表現，各佔一半。把價值觀放入績效考核的制度裡，可讓企業裡每個人都會在百忙中不忘記。

　　有越來越多的公司，把他們公司價值觀放入招募流程裡，面談時是個重要議題，被測出來不合公司價值觀是不會錄用的。現在，絕大部份的台灣公司選才仍然是圍繞著專業技術、相關經驗與學歷這前三名打轉，擺明就是短期猛打，不考慮永續。

　　在杜邦，大至董事會開會，小至工廠每週週報，會議的第一件事，規定必須是審查最新的安全記錄。這樣，你還會忘記「安全」這個核心價值觀嗎？

　　你在決策流程裡，除了輕重緩急、利弊得失的計算與考慮之外，也有價值觀協助定案的一席之地嗎？

　　你知道嗎？全球企業在購併上風起雲湧，但統計分析指出，成功率不足五成，一半以上案例終歸失敗。成功率最高的美國思科（Cisco）公司，他們講求的不只是產品、技術、市場、策略乃至大

環境，最重要的考慮因素，是雙方企業文化的契合度。據說，台灣企業合併經營的挑戰度更高，並非雙方企業文化不同，而是雙方都沒有企業文化，也當然沒有企業文化裡做為如企業 DNA 般的核心價值觀了。

五、尊崇它

我認為「尊崇」是比「尊重」更重大的事。尊重是有在做評比的，例如，尊重你的地位、職階、年紀、偉大學歷等，但心裡是不一定那麼「尊敬」的。

尊崇的崇有高大崇高、高高在上的意思，如崇山峻嶺，望之彌高，有時還望而生怯。「崇」還有另一意是推崇。所以，這裡的尊崇是尊敬它，並且在推崇它，甚至是「推崇備至」，而不是尊敬到害怕、到想「敬而遠之」。

「尊崇」你的價值觀，把它放在高位，尊敬它、親近它、推崇它，有時像神主牌；「舉頭三尺有神明」有點嚇人，但也有幫助，像久走夜路不會遇鬼，半夜敲門心不會驚。還有，縱使天高皇帝遠，你的為人處事還是會得到皇帝讚賞的，因為你有宛如羅盤的價值觀在身，指明了你的正確方向。

例如，一個以「安全」為核心價值觀的企業，不會在地震災難或火災災難時，鼓勵或褒揚員工冒著自身生命危險而搶救公司財產。因為那樣做，違反企業維護員工安全的核心價值觀，他們會投資很多在事先的預防工作上。

尊崇它，因為它是企業文化的 DNA，每日、每週、每月、每年都在鼓勵或褒揚合於價值觀的行為、行動與成果。

第 **5** 章
價值觀是企業文化的核心組成

● 企業文化是山：

看似尋常最奇崛，成如容易卻艱辛。

—— 王安石

圖 5-1　文化像山，有厚重基礎，高聳山峰

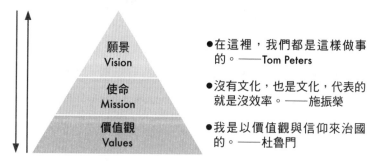

✹企業文化是水：

黃河之水天上來，奔流入海不復返。

——李白

圖 5-2 文化像水，有兩岸的紀律，也有奔流的目標與目的

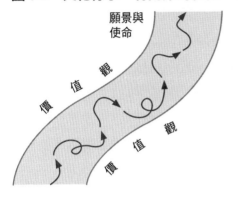

- 其實，水是復返的；在海面蒸發為雲，降回山峰，重新奔流，永續不已。

- 企業人以價值觀/倫理為河岸，在河中盡情暢游，不斷創新，也嚴守紀律。

- 以法律為河岸時，領導人喪失了領導力，無力領之、導之，只留下管理。

Culture drives performance by unleashing human potential.

文化可以驅策績效是因為可以解放出人們的潛能。

——理查‧巴瑞特（Richard Barrett），英國作家／領導力教練

5-1 企業文化：簡單講與詳細論

企業文化最簡單的定義，彼得斯（Tom Peters）等許多專家與實務人士都說是：「我們這裡的人，都是這樣做事的。」

那麼，想一下，你公司的人，是怎樣做事的？

在專業技術上，簡單好辦，使用的是硬技能，一直都在學，多很擅長。但凡事硬來硬去，最後總會出問題，尤其在溝通上。能「軟」、「硬」兼施嗎？

軟技能？很少學，甚至沒特別學過，軟技能不像「技能」，但現在似乎越來越重要了。

前面講的「這樣做事的」，是偏向軟技能，難教難學也一直都不受重視。通常不教不學，但員工們還是學到了，例如學自：

● 老闆身教言教的。這是學習的大宗，只是老闆常換來換去，做事方式老是變來變去，很痛苦的。部屬後來不想變了，反正兵來將擋，水來土掩；上有政策，下有對策，誰怕誰？心想：我看你這「壞老闆」氣還能有多長？再說，聽、學小老闆的，也不見得對，他跟大老闆的做事方式也常不對頭。

盡聽大老闆的也不見得對，因為他自己前後也常不一致。企業文化聽說是老闆不在時，大家的做事方法，那我們公司沒有文化。

●父母、家庭傳的。這個學習來源居然很多，家傳手法傳到公司了。一般家庭傳的總是道德與倫理，相差不是很大，不至於相害；但，小心媽寶，或「家教」不好的。

●學校教育的。出乎意料地少，小中大學校教的大都是偏向專業技能，鮮少教或不教軟技能；倫理教育則是行禮如儀，也有言不及義的。所以，小心，好學校出來的高材生，「軟」技能與德行不一定就好。

●自學自公司同事（撇步居多）或其他公司（包含前公司），這段自學部份貢獻在軟技能上也很大，或很危險，如學自：

◆國際名公司與名人：小心國際文化差異，水土不服。

◆政治人物：曝光度高，在不知不覺中學的；擾亂企業經營，莫此為甚。

◆歷史小說：三國演義（有三成以上內容是假的）、水滸傳、西遊記、七俠五義；小心太假、太俠義了。

◆古聖先賢：孔子、孟子、老子…的，有智慧結晶，但小心擇取進用；現代總要「西學為體，中學為用」，別把斷簡殘篇或隻字片語當成了管理體系。

◆帝王學：貞觀政要、康熙大傳；小心，你並非帝王。總是「朕就是這樣」，臣子們會受不了；在跨國企業中，問題會更大。

◆各種動物：狼、虎、鷹、蛇、狐、豹…乃至螞蟻，這部份的學習者很多，有其可怕處，例如它們是沒有願景、使命、價值觀的，文化完全不同，差異跟外星人差不多。

所以，你可以想到員工們與主管們在學習做事上都很辛苦了。

各顯神通、百家併用，試著用還不見得通，不通時會像白老鼠被電一下。為什麼不站在建立企業文化的長遠目標與目的上，有一套公司公認的價值觀，以衍生一套公司公認的行為準則呢？連大老闆都要守的。再加上中、長期目標、目的與策略，清楚說明也達成共識，那麼老闆不在家時自己也知道怎麼奮鬥，搞不好還做得更好？

行為準則還分正向的──公司隨時隨處鼓勵的，有獎勵，甚至是績效考核項目之一；負向的──大家都恨得牙癢癢的但已不明說了，自己也偶而為之，很難改的。宜提升至文化層級，揭櫫大眾，一齊改正。有企業文化在背後支持，現在與未來老闆的要求很可能會一樣，那麼現在不改，以後終歸也要改，結論就是現在改，別再賭了。

這就是我們一直在提，價值觀導引行為與行動、並形成企業文化的簡單道理了。

「我們這裡，都是這樣做事的。」這裡，算是成功的企業文化運作了。不同公司真有不同文化嗎？是的。例如：在公司裡與同事交往，始亂終棄，結果是：

有的公司：格殺勿論，立即開除可也。

有的公司：都是成人私事，各自解決。

沒有文化的公司：皇上判決，標準未明。有時，皇上被疑公報私仇。

又如：工廠失火，公司財產損失中。

有的公司：員工全力搶救，冒險犯難，犧牲生命在所不惜。

有的公司：員工安全第一，不可涉險搶救為了資產。

沒有文化的公司：別救了，老闆說越燒越旺；不能說的：要賺火險；老闆到場裁示再說。

所以，在許多大大小小決策點上，價值觀是可以幫助決策人做成更好決策的。它有時像個羅盤，方位清楚而且正北——就是那個方向，你一定知道該往那個方向航行的——縱使在全黑的海上。

大海航行，公司要幫助許多舵手們，除了價值觀外，還有什麼其他手法？就是願景（vision）與使命（mission）的說明：

● 告訴舵手與航員們公司大小願景，這些願景勢將化成他們大、中、小目標，與長、中、短程目標。這些硬目標加上心中的夢想，會大大幫助大家怎樣做好事情的——包括規劃好明天的事。

● 告訴舵手與航員們公司的目的，與為何有此目的。這個目的通常不只是賺多少錢。賺錢甚至只是目的之一，只是一種手段。這樣的意義足以激起大家心中的使命（mission）感了。英文的 mission 還有另一個意義是「任務」，談的是 How，「如何」去達成那個願景、目標、或目的了。記得電影《不可能的任務》（Mission Impossible）系列中的主角湯姆‧克魯斯？他總是歷經千辛萬苦完成原來是不可能的任務。

所以，價值觀形成了企業文化的核心，願景與使命加值而形成了完整的企業文化。

其實，「願景—使命—價值觀」的理念，也可看成是一種高空等級的專案管理：「目標—目的/做法—行事原則」是地面上的專案作業。顯而易見地，企業文化管理被提升到高空等級後，卻被看成是打高空而不受重視，殊為可惜。今後，有賴新一代領導人奮起，登高一呼，立下新典範了。

在第七章中，我們將要談到如何建立「個人文化」，但下一節先談一個願景的故事。

我們唯一擁有的是員工間的互動（one another），我們僅有的競爭優勢是這家公司的文化與價值觀。

任何人都可以開一家咖啡店。我們沒有技術，我們沒有專利；我們所有的就是圍繞著公司價值觀的關係，以及我們每天能帶給顧客的。因此，我們所有的員工都必須擁有它。

——霍華・舒茲（Howard Schultz），星巴克 CEO

本書作者的反思與補注

如果，你的公司已擁有許多高新技術，與許多國際專利，那麼是否比較不需要文化與價值觀？或者，同時又擁有文化與價值觀更能讓你的公司如虎添翼，還壽倒三松？

回憶一個驚天動地、動人心弦的「十年願景」：願景的習題

We do these things, not because they are easy, but because they are hard.

我們要做這些事，並不是因為它們容易做，而是因為它們很難做。

——約翰·甘迺迪（John F. Kennedy），美國前總統

這個「驚天動地」的天和地，是月球的天、月球的地。願景成真那一天，美國有約 95％的家庭守著電視，觀看實況轉播。

那一天是西元 1969 年 7 月 20 日，許多年輕讀者們可能還沒出生。那一天我剛在台灣考完大專聯考，正等著放榜，也守著電視，看一位 38 歲的美國人尼爾·阿姆斯壯（Neil Armstrong）要跨出登月小艇，一腳踩上月球表面。

他成功了，成為人類登月第一人。他成功時說：「這是一個人的一小步，是人類的一大步。」四天後，他安返地球。

這驚心動魄的一小步，讓美國太空總署（NASA）提早約一年完成甘迺迪總統早先提出的「十年願景」大夢。

1961 年 5 月，當時才就任新總統四個月的甘迺迪總統在國會提出了登月計劃，他說，要在十年內送人上月球並平安返回地球。蓋洛普民調隨後指出，約有 60％的美國民眾反對。前總統艾森豪

說，登月計劃是發狂的（nuts）。NASA 專案專家指稱甘迺迪是狂鬧的（daft），連當時的太空總署新署長都感到一陣暈眩（dizzy）。

你知道當時的世界大勢嗎？

在更早四年前的 1957 年 10 月，蘇聯的第一顆人造衛星射入地球軌道，石破天驚，在軌道上還繞了三個月；然後，第一隻動物也上地球軌道、第一次月球軌道也飛了、第一次見到月球背面、第一個人類上了太空……還有許多的第一。美國直到 1960 年 11 月，NASA 才有了第一個無人太空飛行，但還是失敗了，赫魯雪夫譏為「美國文旦」；1962 年 8 月，美國才發射第一人上太空，只做了短暫停留，美國人自譏是「加農砲人彈」。

所以，這時美蘇太空競賽是天差地遠，美國遙遙落後。這時的美國人抬頭望天，總是擔心蘇聯老大在監視著他們。

1961 年 4 月，甘迺迪就任後第三個月，他決案並支持的反古巴游擊隊在古巴豬玀灣暗中登陸後，幾乎被全數殲滅，成為世界大醜聞，聲望大跌。

1962 年 9 月 12 日是值得大書的日子。甘迺迪總統在德州休士頓市的萊斯（Rice）大學足球場面對四萬多名大汗淋漓群眾，熱情無比地發表了美國的「太空願景」──這個願景太振奮人心了，到了五十周年的 2012 年，還有人在慶祝、要學習。企業界也在學習，這是典型的「願景式領導」（Leading With Vision），這個願景是典型的 BHAG，攪動人心，莫此為甚，如：

● 在 1970 年結束之前送人上月球，並安返地球；「我們選擇十年內上月球，並不是因為容易做，而是因為很難做。」

● 太空是人類新領域，他暗指蘇聯威脅，誓言不讓太空被插上有敵意的、征服的旗幟，而是要自由的、和平的旗幟。

● 誓言太空不要變成充滿大量毀滅的武器，而是充滿知識與瞭解的各種器具。

● 當然，登月有助於美國自己的國家安全，甘迺迪成功挑起了美國人的危機意識、急迫感與原始的美國精神。

● 甘迺迪也清晰地描述了未來工作，非常精彩，值得細數，如：

> 我們將用一支 300 多英呎高的巨大火箭，把人送到離休士頓控制中心 40,000 英里外的太空裡。這支火箭是由新的金屬合金——有些合金現在仍未發明，所製成的……火箭將攜帶著所需的各種裝備……飛向一個未知的星球；然後，再安全地返回地球，當回到地球大氣層時，速度是每小時大於 25,000 英里，所引起的高熱是太陽表面溫度的一半。我們在未來十年內要完成這些所有的事，正確地完成，第一個完成……這是人類有史以來最危險、最大膽的冒險。

這個願景描述，成功激發了美國的民心士氣，也讓百萬美國學生選擇了理工學系——也害得遠在台灣的我，在填寫大學志願次序時也把「高空物理系」不斷往上提。

1962 年 10 月，甘迺迪在萊斯大學體育場演講完後才隔了一個月，古巴的蘇聯飛彈危機爆發——據稱，這是人類史上最接近核子大戰的一次危機，正是電影《驚爆 13 天》中的驚險描述。歷史

評論家說，因為前一年豬玀灣醜聞案的慘痛教訓，甘迺迪的決策模式大幅改變，因而聽取更多不同意見，有效化解了這次飛彈乃至核戰危機，贏得勝利。

1963 年 10 月，赫魯雪夫正式宣布，蘇聯沒有登月計劃。但，甘迺迪的登月計劃早已啟動，並進入每季審核的流程中。

不幸的是，同年的 1963 年 11 月 22 日，甘迺迪在德州達拉斯城的一次群眾大會中，在車上被暗殺身亡。偉大的是，人亡政不息，六年後的 1969 年 7 月 20 日，阿姆斯壯成功地銜命登上月球，比甘迺迪原定的專案限期還提早約一年。美國政府約用去 220 億美金。

這種規劃力、執行力與願景力，還真駭人聽聞。

這是阿波羅 11，之後又上了幾次月球，直到三年後 1972 年的阿波羅 17，美國的太空計劃正式中止，評論家說：「沒有人能提出新願景，美國人已失去了興趣。」

後來分別在 1989 年與 2004 年，德州出身的布希父子兩任總統又分別提出太空探測計劃，但，全都欲振乏力了。倒是 2017 年開演的電影《關鍵少數》（Hidden Figures）描述了三位關鍵黑人女科學家在登月計劃中的巨大貢獻，又賣座喧騰一時。

還有一個有關「願景」的小故事說，有一位記者在休士頓太空中心訪問到一位員工，先問起了他的工作，這位員工答：「我在幫助美國送人上月球。」他其實只是個驕傲的洗手間清潔工。

好的「願景」一定可以提振組織的民心士氣與組織文化，下兩圖讓你看得更清楚。圖 5-3，簡單畫出的是文化的兩大要素願景與價值觀，如何往下賦權與激勵全員。我曾看過很值得細細玩味的一

張組合圖，圖的最後是猛往前衝衝衝的大鯨，是我們的未來願景；
圖的開始是多隻腳纏繞一起的章魚，是我們殊難解困的現狀。如何
在願景的賦權與激勵下，逐步解套，然後一起勇往直前，我們需要
有願景、使命、價值觀的高瞻遠矚領導人。

圖 5-3　文化如何賦權與激勵員工

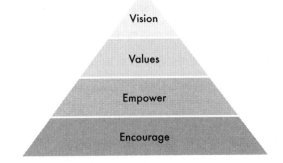

5-3 文化把策略當早餐吃掉了 ── 怎麼吃的？

同產業裡的兩家公司，在營業利潤的差異上，可能高達一半的因素要歸於組織文化。塑造組織文化是領導人最重要職責之一，領導人如果疏忽了這份責任，最終必將危及組織。

　　　　　　──詹姆斯・海斯科特（James Heskett），哈佛商學院教授

圖 5-4　文化在組織經營管理大架構中的定位

　　在上節中，我們談到企業文化的關鍵要素是核心價值觀。這有許多企業實例的，績效表現卓著長達五十年的美國西南航空公司，早期就是靠著創立人旗幟鮮明、貫徹到底的十幾個價值觀，建立了名震海內外的強烈企業文化，歷久至今而不衰。

　　價值觀之外再加上其他要素，也有了許多不同意見，在基本的願景—使命—價值觀的典型模式裡，有些公司對順序、內容、名詞與定義都有很不同看法。例如，使命會被宗旨／目的（Purpose）取代，或另創其他名詞。這些名詞或定義或上下次序上的不同，對企業人來說，都無可厚非，都可接受；有些華人企業，甚至僅以「經營理念」取代一切，亦無不可。但，最重要的就是要言行如一，說到做到，從領導人開始在全公司切實執行，不要變成華麗辭藻、口號幾條，成了口是心非，在牆上或網站上聊備一格。

　　現在，再想一想，這個「願景—使命—價值觀」的基本型三角圖，在企業整體經營管理架構裡，應該定位在何處？

　　圖 5-4 是個好參考。企業文化三角圖要被定位在最上頭，其下是策略，策略之下是結構、系統、流程、內部基礎結構，更下面未畫出的是市場與客戶，最下面是最近最流行的「利害關係人（Stakeholders）」經營了。

　　此架構常又簡化成「企業文化—策略—執行力」的三階或三層模式，也隱含了孫子兵法中談的「道—天、地—將、法」，以白話文來敘述就是戰魂—戰略—戰術—戰技—戰鬥了。仔細思索，你會發現，現代許多戰鬥團體竭力磨利戰技與戰鬥，卻嚴重缺乏戰魂與戰略。還記得西點軍校的訓練嗎？他們特別重視「戰魂」——甚至上溯到整體的「軍魂」了。你的企業戰鬥兵團有「魂」嗎？

彼得・杜拉克曾說過：「文化，會把策略當成早餐吃掉。」（Culture eats strategy for breakfast）。意思是，文化積弱或不適時，策略再好，也會被這種文化吃掉；吃掉的意思是吃乾抹淨，或所剩無幾，不久也拉掉了。

Bill Aulet 是 MIT 企業家中心的主任，也是史隆管理學院的教授，他曾在 IBM 任職了十幾年，也創立過幾家公司。他說，他原本是不相信杜拉克這句話的，後來才堅信。更有甚者，他認為文化甚至在早餐前的晨跑中，就已經把策略吃掉了——還不只是吃掉策略，也「把技術當午餐吃掉了，把產品當晚餐吃掉了。最後，很快地把剩下來其他東西也都吃掉了」。

吃掉了、拉掉了；聽起來、想起來，還蠻恐怖的。文化的吃相與真相是如何呢？典型如下：

● 在員工行為表現上：如懷疑、抵制、不合作、本位主義、小圈圈、破壞、低效率……很難互信協作，很強於互鬥；同床異夢，各自為政，互不支援。
● 在心態上：如消極、忽視、忽略……很強於猜忌。
● 在信念上：如不信、信心不足……甚至志不同道不合，尤其起自高管。

我們曾經與一家數百億級公司的執行長討論解決方案，這位技術底子超強的執行長很痛苦的事是，公司策略很好、技術很強，但部門裡和部門間，大家猜疑心重、明爭暗鬥，對總目標沒信心也缺興趣，「穀倉現象」（Silo Effect) 嚴重，員工行為準則不一，甚至提出挑戰如：「對客戶行小賄是為公司好，如此辛苦工作還要受罰

嗎？」主管無言以對，甚至提案請刪去公司價值觀中有名無實的「誠信正直」，因為：我們做不到嘛。

這是典型的積弱文化。我們通常沒想過這是企業文化的問題──那種「空泛的」、「軟軟的」虛空的文化真有用嗎？又是如何運作的？強文化又是長得怎樣？強人文化會更好嗎？我們的企業常在缺乏文化經營與制度下勉力、強力、刻苦經營，是也創造出不錯的成績，但當企業規模越來越大、越來越國際化，我們是否應該少些流汗流血流淚，多些文化與策略，還要避免好好的策略卻被積弱的文化在一大早就被當成早餐吃掉、拉掉了。

如圖 5-5，圖中張口的小怪物原名叫 Packman，它沿途吃掉各種東西，是 1980 年代在全美、全台最風行的電視遊戲。當它在追食時，讓當時玩家們緊張得冷汗直流，玩到手上長了繭。

圖 5-5　積弱文化像怪物，不斷往下吞噬……

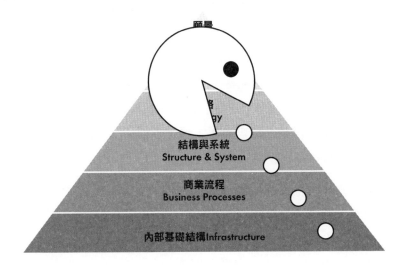

在第四章中提到的著名顧問，蹤跡遍及歐美的巴瑞特（Richard Barrett）創立了自己的 Barrett Values Centre 顧問公司後，他用公式幫助客戶公司算出企業文化的強弱度，稱之為「文化亂度」（cultural entropy），是用數字評估企業文化強弱的。

Entropy 的中文正式譯名是「熵」，是化學與動力學上的專有名詞，用以測量在動力學上不能做「功」的能量總數，亦即一個系統裡的熱能無法轉化成機械能做功的部份，表示的是這個系統的混亂或失序程度。所以，Entropy（熵）就是一個系統缺乏秩序或可預測性，已逐漸進入失序的程度。當總體的熵增加，它做「功」的能力也跟著下降。

巴瑞特在管理學上創立了「文化亂度」是神來之筆。他計算「文化亂度」的公式如下，我只改了他第一個參數（改 Eo 為 Ev）以更方便解釋這個方程式：

$$Ev = Ei + Ed - En - Ece$$

● Ev：是員工要做出有附加價值（value-added）工作的總能量。
在許多組織裡，這個總能量常是負數的，因為，員工每日疲於奔命，力不從心，光是做正常工作的能量已顯不足，何來能量用以創新或再附加價值？負數越大，情況越糟。當這個數值是 0 時，組織差堪維持每日正常工作。

● Ei：員工每日上班時帶進來的正常能量。
如果員工們有正常休息，身心健康，這個每日帶進來（input）的能量是正常夠用的；過勞狀態下，則一日不如一日了。

● Ed：員工心有所感、所屬，願意多付出的一份力量。

亦即，英文裡所稱的 discretionary energy，詳細可參閱我的另一本著作《賦能》。員工被組織或自己工作激勵後，自動自發願意「多加一盎斯」（one more ounce 或稱 one more mile），「多走一哩路」去完成工作。這時，員工對工作成果是有承諾的。

● En：員工維持正常（normal）工作/營運所需的能量。

這個需求已經有越來越大的趨勢。

● Ece：因組織的文化亂度（cultural entropy）所滋生的負向能量。

許多組織因內耗、內鬥、內戰、內傷、內亂日趨嚴重，這個能量也越來越大。

正向能量是：每日正常帶來的＋自願「多加一盎斯」的。

負向能量是：每日正常消耗的＋內耗嚴重而需多付出的。

所以，如何從上述四個參數中，減少負向能量、增加正向能量，讓能夠幫助組織做出有附加價值工作的總能量成為正值，或更大的正值，就成了組織領導人的當務、當急之圖。

此中，很重要的是，降低組織文化亂度。當組織文化增強後，更可以幫助提升 Ed—— 員工更願意自動自發「多加一盎斯」去工作。巴瑞特的顧問公司用百分比來計量組織/企業的文化亂度，比值越低就表示亂度越低，組織就是越健康了。他們曾經在 2007 年至 2011 年共五年間，針對三十六個國家裡、四十種工業，共 1,011家企業做了價值觀調研以進行文化亂度分析，他們有重大發現，如下所述：

● 只有 15％企業的文化亂度在健康範圍的 0 ～ 10％範圍內。

● 有 5％企業的文化亂度在極差的 ≧ 41％上。

● 有 41％企業的文化亂度在很差的 21％～ 40％間。

● 文化亂度偏高的企業中，最需要的前兩項價值觀是：當責與團隊合作；而低亂度企業中，最強的兩項價值觀也正是相同的當責與團隊合作。

● 在眾多中至高亂度的企業中，「降低成本」是最常見的一種負面價值觀，它增高了員工沮喪感的程度。

　　「文化把策略當早餐吃掉了」這句管理名言，有人考據後說，其實並非出自彼得‧杜拉克，因為在杜拉克的著作或文章中並未見過。這句話可能出自福特汽車前 CEO 費爾斯（Mark Fields），因為這句話仍高高掛在福特總公司「戰情室」的牆上。但，費爾斯說，這句話他確實是引述自與彼得‧杜拉克的談話裡。

　　或許，哈佛商學院教授詹姆斯‧海斯科特的研究也提供了另一個「計量」佐證，他說：「對策略執行的有效性（effectiveness），文化有大於 70％的影響力。」

　　台灣有許多公司，經營非常賣力，在執行上靠著新新技術與大小老闆與員工們的強攻猛打，也有了不錯的成績。但，文化經營仍付諸闕如，甚至策略也付諸闕如。如果，有了良好策略，也有了更低的文化亂度，在整體經營上一定可以更上層樓，至少有很大的提升空間吧。

第 **6** 章
建立價值觀體系下的強盛領導力

There is a logical way of doing business in accordance with the facts and circumstances of an industry, if you can figure it out.

如果你能理解覺悟，那麼經營事業，總是有一套邏輯方式——依據產業的環境與事實。

——艾佛瑞·史隆（Alfred P. Sloan），擔任通用汽車董事長／執行長約 30 年

2005 年，台積電董事長張忠謀在接受天下雜誌專訪時說：

> 我們台積電為什麼可以做到現在這樣？因為從基本價值觀出發，我們有好的策略，有好的執行；就是這三環：從價值觀出發，到策略，到執行。
>
> 價值觀是什麼？就是：誠信正直、承諾、創新、伙伴關係（客戶信任），這四個價值觀是我們堅持不變的東西。

經營事業是有邏輯的，我把張董事長的「就是這三環」畫圖如下，加了小註解，希望讓其中深意更容易看清楚；然後，本章要對「這三環」做個深入的邏輯論述。

圖 6-1 「就是這三環」

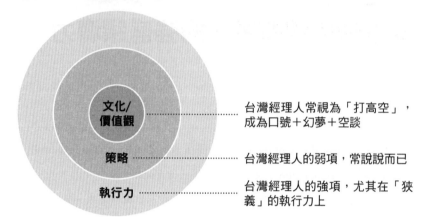

文化/價值觀 ········· 台灣經理人常視為「打高空」，成為口號＋幻夢＋空談

策略 ········· 台灣經理人的弱項，常說說而已

執行力 ········· 台灣經理人的強項，尤其在「狹義」的執行力上

6-1 「這三環」與那「三環鏈」：英雄所見略同

　　台積電張忠謀董事長對企業文化中，核心價值觀的重視與實踐程度，是國際卓越企業層級的。在國際企業中是不乏實例，但在台灣，除外商外絕無出其右者，甚至大部分台灣企業至今仍是存疑，或仍感到諱莫如深、莫測高深⋯「真的有用嗎？如何應用？」

　　張忠謀自始（創業之始）至終（退休傳承）深信不疑，不只躬身實踐，還率眾力行，在各種場合更是竭力倡導。但，身為企業顧問的觀察，大多數台灣企業仍然聽之渺渺、興致缺缺。我擔心台積電與優秀外商只成了特例，希望本書從普通常識說起，能說得通這個軟管理中硬而大的道理。

　　2018 年 6 月初，張董事長正式退休了，他在最後一次股東會時，念茲在茲地還是提：「對下個董事會有很大信心能維持誠信正直、承諾、創新與客戶信任的台積電傳統價值觀；也會很能幹、很有能力。」

　　輝達（NVIDIA）執行長黃仁勳與張忠謀年紀相差三十幾歲卻相知相惜，他說：「張忠謀留給接班人的是一個文化和企業制度的基礎，這套運作體系將能繼續好幾個世代。」

　　2018 年 6 月下旬，他在台北三三會專題演講後，力晶創辦人暨執行長黃崇仁提問：「選擇接班人，你考量會是什麼？」據報導，

張忠謀還是一貫不假辭色地回答：「我的想法就是 Values，要跟台積電的 Values 一樣。」他又重述了一遍台積電的四個核心價值觀。

其實，在 2015 年 5 月證交所舉辦的「上市公司企業倫理」領袖論壇中，張忠謀就談到：「希望接班人要能維持公司幾十年的價值觀，至於判斷力、洞見能力，是要找最好、最有經驗的人，但不如公司價值觀重要。」

又更早呢？他曾有更全面的說明，他表示：企業有三個基本面，第一是企業的價值觀，這代表了企業的靈魂 —— 他重述一遍四個價值觀。第二是企業的策略 —— 企業要成功、要成長、要賺錢的策略，該策略也一定要以價值觀為基礎。第三是執行，假使執行不好，有好的策略也沒有用。

所以，總的來說，企業成功經營不論是「三個基本面」或是「這三環」，談的都是：**價值觀、策略、執行**。無疑的，這是國內外成功企業長期實務經營累積而成的寶貴經驗。

在企管理論上呢？立論也相似。

美國維吉尼亞大學講座教授陳明哲聞名國際管理學界，是動態競爭學說的創始人；他還曾在美國賓州大學華頓商學院創立了「全球華人企業發展中心」，融合了如孫子兵法、老子、儒家思想與西方管理架構。此外，他也是「國際管理學會」的終身院士與主席。

陳明哲是台東人，是管理學大師，是國際管理學界的「台灣之光」。2013 年時，他在哈佛商業評論發表了一系列「文化—策略—執行」三環鏈與動態競爭的文章。他認為，要了解企業的整體運作以落實動態競爭思維，「除了策略之外，企業必須有適當的文化及執行力，才能在必要時轉型與永續發展」。

於是，他提出了「文化—策略—執行」環環相扣的「三環鏈」。
我把他的論述作了綜合整理後，分享如下：

● 策略是企業的「腦」，設定方向，引導資源，決定該做什麼、不
該做什麼。在擬定策略時，要根據核心價值觀考慮不同「利害關
係人」的需要外，也必須承上（文化）啟下（執行），一方面「抬
頭看路」，一方面「低頭拉車」，扎實前進。

● 文化是企業的「心」，是組織成員共享的信念與價值觀，體現於
規範與慣例中，影響公司決策與員工行為。所以，文化也是企業
的 DNA，是企業運作的無形力量，但必須不斷滋養，長期耕耘，
要領導人以身作則，才能生根結果。

● 執行是企業的「手」，是跨越策略與現實鴻溝的橋樑。沒有執行
時，偉大的策略成為空談，立說再好的價值觀與文化也只是美麗
口號。執行的效果由人力、獎酬、結果與流程四大槓桿，以及文
化來決定。故，綜合來說，文化是軟實力，策略是硬實力，執行
是具體化了軟實力與硬實力。

所以，不論是張忠謀董事長早期談的「這三環」，還是晚期的
「三個基本面」，或者陳明哲教授談的「三環鏈」，很顯然都已化繁
為簡，點明了企業領導人在整體經營上應具有的大邏輯架構，或全
息視角——將於下一節中說明。

6-2 「這三環」的全息視角：頂視＋正視＋側視，三看管理世界

圖 6-2 「這三環」的頂視圖與正視圖

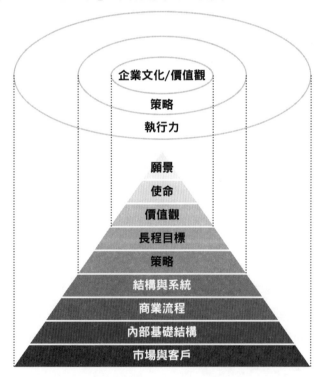

　　我們在第五章中論述了構成企業文化的三個基本要素：願景、使命、價值觀，這三要素隨後在「經營管理大架構」中占去了頂端的位置，影響著隨後的策略、結構與系統、流程，及內部基礎結構等的運作。圖 6-2 顯示，這個「經營管理大架構」與「這三環」結合起來，成了一個頂視圖與正視圖，一眼看來，更見全貌了。

　　看了正視圖，我想起了一千多年前，蘇軾在廬山上的題詩：

橫看成嶺側成峰，遠近高低各不同；
不識廬山真面目，只緣身在此山中。

　　在經營管理上，我們不也日日處山中，卻不識廬山真面目？

● 橫看成嶺側成峰：明明同樣一件事，各個專家、各個部門在看法、做法硬是不同，人言人殊卻又殊途同歸；但，也有走上不歸路的，回不來的。

● 遠近高低各不同：以前看的、現在看的，老闆看的、員工看的，也很不一樣，輕重緩急、利弊得失之間，我們有溝通上與決策上的底線或準則嗎？

● 不識廬山真面目：進了公司許久，公司也活了夠久，什麼事沒見過？可是諸事來龍去脈、前因後果，經常也細思之又不免茫然，或惶然？以前是「看山是山」現在更像是「看山不是山」了，何時回到「看山又是山」？

● 只緣身在此山中：古人言，當局者迷，旁觀者清，自己卻自以為

「當局者清」好久了？誤以為還有誰比我更了解這個案？這個組織？何時跳出來停、聽、看？

如果，你跳出來從各個視角看看，也看看我湊出的一短句：「而今識得真面目，上窮碧落下黃泉。」既然，有了正視、側視，也有頂視、俯視，更要有內視；深入文化經營，接入地氣地施展執行力。看看硬硬的執行力，與軟軟的文化力之間，原來有一條緊緊相連的小徑，這條路徑我們以前很少走過。高原與高峰上，總以為太冷太空了，我們還是習慣在火熱的山腰以下窮追猛打，惡鬥連連。

我們也看圖 6-3 的側視圖，橫看成嶺的側視圖，看看各山嶺、嶺上，與嶺間如何各領風騷也嶺嶺相連，分述如下。

圖6-3 「這三環」的側視圖

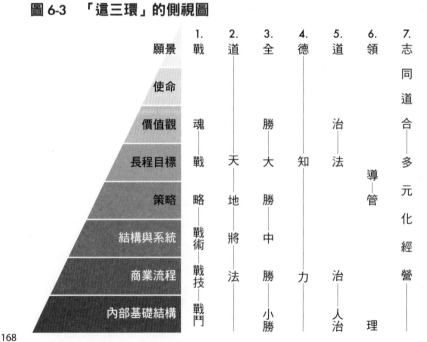

1. 戰魂─戰略─戰術─戰技─戰鬥

商場如戰場，可惜現代商場戰將們已經少了「戰魂」，如願景、使命、價值觀，為何而戰、因何而戰，少了考量長程、中程、短程的目標與目的。我們只把戰士送到戰場，告訴他們全力應戰，甚至不管戰技不足、無心戀戰，不知為何而戰？

我們需要一套系統的戰法嗎？別讓我們的戰將老停留在較低的層級，甚至在戰技上計較，在戰鬥上打得天昏地暗。

這個「戰魂」，乍看之下有些嚇人，卻是提振軍心士氣最重要精神。戰魂，甚至還要往上連結到軍魂與國魂，或企業魂的。

戰略是戰爭上用詞，企業界用的是策略，國政上用的稱政策，個人用時常變成了謀略了。

拿破崙說過：「我從沒一場勝戰是依照原來計畫打的，但，每一場仗我都要有詳細計畫。」他談的是戰略與戰術。

二戰時歐洲戰場的狂飆英雄，美國巴頓將軍（George S. Patton Jr.）為了建立戰略與戰術而去認識敵人，他說：「我一生都在研究敵人，我讀敵國將軍們與領導人們的傳記，我甚至讀他們的哲學，聆聽他們的音樂。我仔細研究他們每一場可惡戰役的細節，我甚至知道在任何狀況組合下他們的反應；而且，他們絲毫不知甚麼時候我要把他們打得天翻地覆。」

巴頓的戰爭，還要打敵軍的戰魂。

2. 道─天─地─將─法

《孫子兵法》曾被美國學者列為影響世界發展的一百本名著之一，美國不少企管名校教授也常推薦，在競爭激烈的亞馬遜網路書

店「每日暢銷百大商業書」中，也總有蹤跡。

孫子兵法第一篇開宗明義，第二句話就說要用「五事」來經營國之大事的戰爭，這五事就是道、天、地、將、法。孫子很快地做出小結論，說「凡此五者，將莫不聞；知之者勝，不知者不勝」。以現代話來說，就是：

「道」：是願景、使命、價值觀所形成的綜合效應。

「天」與「地」：指的是知天知地、知彼知己，講的是「戰略」

「將」：是將帥領導與管理之術，是指在戰略之下的各種架構與系統。

「法」：是指各種法規、流程乃至 SOP。

所以，這「五事」由上而下，依次展開，最後則在最基層的戰場（即客戶與市場）上求取戰果與勝利。戰場上，現代看古代，竟有雷同。可惜，現代戰將們已經不太上「道」了。

3. 全勝─大勝─中勝─小勝

古時軍事專家常說，「中勝靠智」，要在戰略上勝出；「小勝靠力」，是在流程與現場上使力得勝；「大勝靠德」，領導人的德性德澤領導力是關鍵的；「全勝靠道」，靠的是師出有名，甚至是「替天行道」的道──願景、使命、價值觀所組成的大道。故，全勝是集小勝、中勝與大勝之大成，是國家或企業長程上的勝。

古哲聖賢也說過：大位不靠智取。當然更非力取，那靠甚麼？絕非消極的天命，更是道與德了。

4. 德—知—力

你「力」強而「德」薄嗎？孔老夫子有句重話說：

德薄而位尊，知小而謀大，力小而任重；鮮不及矣。

這句話含義很強悍的。用白話譯出是：如果，一個人德行薄弱，卻地位尊崇；智慧不足，卻謀略、圖謀很大；能力不高，卻有重責大任；那麼，很少不會遭遇到災難的。聽起來頗有些恐嚇意味，或許也值得現代人深思。

你看到如許無德群魔卻亂舞嗎？

傅佩榮教授在他的《解讀易經》中，也勗勉國人說：《易經》全書再三著墨的，正是期許人們要開發「德性、智慧、能力」這三方面的資源。那麼，在成功路上的領導人們，別老是停在「智慧、能力」的建立上了。

圖 6-4 「孔子說」與「這三環」

子曰：

文化 ⋯⋯⋯⋯ 德薄而位尊，

策略 ⋯⋯⋯ 知小而謀大，

執行力 ⋯⋯ 力小而任重；鮮不及矣。

5. 道治─法治─人治

由人治、法治而上升至「道治」，是政大 EMBA 教授李瑞華的說法。企業管理的最早期是人治的，由強人與偉人在治理，但強人之後總是難以為繼；後來開始建立起基礎建設、制度與流程，而有了法治。

通用汽車的史隆是企業偉人，他百年前就在通用建立法治，還直指「道治」；他的傳記《我在通用的歲月》（My years with General Motors）在 1960 年代出版，五十年後的 2010 年代，卻被微軟的比爾·蓋茲譽為：「如果你這一生只想讀一本企管書，就是讀這本了。」史隆在全書中強烈提醒著：技術與工程是未來獲利之源，同時，優良的管理與有效的策略才能把它們的潛利在市場中變現。

李瑞華教授的「道治」發展是指：「文化、精神、理念、思想等深入人心的形而上學；是無形資產。」這是真的很難，連名詞都難念，還有點「玄」。

現代人想當的可能還是康熙般的「人治」領導人，可惜現代已不適皇帝來管了。其實，「道治」的「道」一點不玄，基本型就是「願景、使命、價值觀」，當然，其內上下次序還可變來變去，內容含意也可盡情發揮、演繹。

6. 領導─管理

一般所稱的領導（leadership）與管理（management）的交集與分際，大約是在策略上，請參閱圖 6-3。

這種在領導與管理上的粗分法，很多人並不同意。我們對一

位現代領導人要求更多了，他不只要站出來，大聲說出並推動公司的文化 —— 價值觀，加上必要的願景、使命，回頭還要建立公司策略與結構；如策略專家錢德勒（Alfred Chandler）所言：Structure follows strategy。領導人也常要挽起袖子、接上地氣，了解工廠庫存與顧客應收帳款狀況，一起努力提升企業整體執行力與業績。

但，這張圖更進一步說明，台灣企業各階層領導人是應該站出來再帶領文化 —— 如，企業/組織文化、事業部文化、部門文化，乃至團隊文化，因此而更加提升了領導力。

7. 我們「志同道合」嗎？

教育家很偉大，只要你想學，他們就想教，教的時候是「有教無類」的，他們喜的是「得天下英才而教之」。宗教家更偉大，你不想學他們也愛你，他們教導的是「神愛世人」，還愛仇人的。

相較之下，企業家就比較挑剔，只挑選「志同道合」的人；也很絕，日後如發現你志不同道不合，還會說「不相為謀」，會請你走路，尤其是在優秀企業裡。有些企業不在乎是否「志同道合」，有一技在身即可，但他們的路通常是走不遠。

企業人常說：企業要找的是「對的人」。甚麼是對的人？要言之，就是志同道合的人。台積電的徵才廣告始終就是要找志同道合的人，張忠謀董事明白說，志就是 Vision（願景），道就是 Values（價值觀）。我覺得，志與道，如果兩相比較時，道還會更重要。

「要聘請與公司價值觀相同的人？可是，我們公司沒有真正的價值觀。」這是台灣許多公司的問題。台灣企業還是最喜歡「有直接相關產業經驗」的人，這使我想起以前在一美商工廠工作時，大

鬍子廠長要求人事部把新進來一位幹部調離所屬單位，原因正是：
他之前在我們對手公司「有直接相關產業經驗」。

　　霍夫曼（Reid Hoffman）是著名領英（LinkedIn）公司的創立人，
現在是矽谷創投公司合夥人。他在著作《聯盟世代》（The Alliance）
一書中分享矽谷經驗，如下兩圖，一眼即瞭，不需說明。

✱一般員工的價值觀契合度，可以容許少一些。

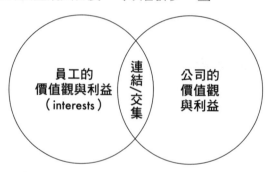

✱高階主管價值觀的契合度，就要求很高了。

　　霍夫曼原著中，還有一張是談中階主管的，他們的連結/交集程度就是介於上兩者之間了。

　　然而，企業經營不也是講求多元性、多樣性、與多角化嗎？為何一定要在志同道合上自行設限，限制了彈性與多元發展？卓越企業的經驗是，長期經營與發展需要志同道合；只想短期幹一票的，常就不必了。此外，上面志同道合，下面的多元多角發展是更有紀律，走得更遠了。

　　麥肯錫顧問公司著名的「7S 模式」創立人彼得斯（Tom Peters）在他 2018 年新著《The Excellence Dividend》中，重又提及 7S 已歷經三十九年的嚴格考驗，已證明是評估組織效能的最有效架構。這 7S 是：

1. Strategy（策略）
2. Structure（結構）
3. Systems（系統）
4. Style（風格；指的是文化）
5. Skills（技能，尤指是 competencies 的「能耐」）
6. Staff（人與人才）
7. Shared Values（共享的價值觀；是長期卓越績效的基石）

　　彼得斯長期觀察的結論是，前三個 S 屬「硬 S」，是一般人所重視的；後四個 S 是「軟 S」，經常被忽視或低估。從商業大歷史來看，硬 S 總是站在光鮮亮麗的前排，那些軟 S 則是默默地靜坐在後排。但，真正的經營祕訣也不是把後排調前排，而是後排與前排

要適時平衡,一起來重視。

彼得斯所稱的後排「軟 S」們,在我們的側視圖裡,卻成了上排,還站上了最上排;有趣的是,居上位仍然不被重視,還常被經理人看成「打高空的」。看完本書後,期盼不再是高空,因為高高的文化會轉入每個人深深的內心裡,內心裡的每一個悸動都將影響你每次的行為與行動,乃至最後的績效或成果。

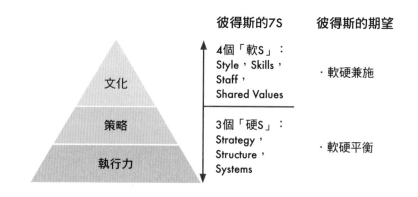

彼得·杜拉克在 2005 年時,曾應邀與多位企業 CEO 及著名企管學者在一起討論:CEO 應該要做什麼?

與會的 P&G(寶潔)公司 CEO 是剛新鮮上任、很誠惶誠恐,後來功績彪炳的賴夫利(A. G. Legley),他綜合了現場討論與杜拉克筆記,後來在哈佛商業評論發表論文,論述了 CEO 必須做的四件事。這四件事也幫忙他從初任 CEO 的一片危亂(就任前 P&G 股票已大跌,還引發美國股市大亂)中勇敢站起來,終成為一位聞名 CEO,這四件事是:

一、定義出最具意義的外在關係：在 P&G 是，再度強化已然被削弱的「消費者是老闆」觀念，重建零售商與供應商的雙贏夥伴關係。

二、決定要進入與退出的事業：P&G 選擇了振興核心業務，聚焦低收入消費者，勇敢地退出了食品、飲料、醫藥等業務；讓公司宗旨更明確。

三、平衡現在與未來：在 P&G 公司後來運作中，因此而降低了當時的成長目標，改而執行了一套具有彈性的預算流程，確立了互補性的短期、中期與長期目標。

四、形塑價值觀與標準：在當時公司變局中，確立、解讀、信守組織的價值觀，同時定義「標準」以做為決策指引。

你對這四項有杜拉克參與其中，加上多位名教授與老經驗 CEO 們共同討論出的結論，有甚麼看法嗎？許多人也許會說——前三項稀鬆平常，老生常談；第四項是打高空，不務實。

我要再提的正是第四項的「形塑價值觀與標準」，它為什麼會成為 P&G 亂世四大救命要務之一？

P&G 企業已經信守幾十年的「核心價值觀」是：信任、誠信正直、擁有感、領導力與贏得熱情，共五項。你對這五項有甚麼看法嗎？莫非也都是稀鬆平常，老生常談；我們公司也有類似好幾項，喊得更響亮！

P&G 在那次亂局中，首先聚焦的是不變的部份——亦即，公司的使命、宗旨與核心價值觀。挑戰的是，要更深入解析，更緊緊擁抱它！新 CEO 賴夫利發現，公司的價值觀在歷年來已逐漸演化

成更趨向於內部導向，而當前必須趨向更強勢的外部意涵；於是，他做了如許改變：

● 「信任」：讓員工相信，公司是可以終生工作的；還要讓消費者信任 P&G 的品牌，讓投資人相信公司是一個長期有利的投資。

● 「贏得熱情」：要從內部競爭轉向外部，要對消費者信守承諾，要與零售商共贏，讓熱情依舊。

其他幾項核心價值觀也都被重新定義並新訂標準，在行為、決策，與績效評核中貫徹。

治理公司乃至拯救公司似乎並沒什麼神奇配方，重塑價值觀，總是領導人一帖良藥。杜拉克在論文中加碼說：

CEOs set the values, the standards, the ethics of an organization. They either lead or they mislead.

CEO 們設定一個組織的價值觀、標準與倫理。他們不是領導，就是誤導。

可惜，價值觀的形塑、重塑與貫徹，卻一直都是台灣 CEO 們最忽視的一環。

很顯然，章首圖 6-2 底層基座的「客戶與市場」仍不夠深與廣。在 CEO 們的全息視角裡，仍應深廣之，以擴及重要的「利害關係人」。利害關係人的經營方式已成 21 世紀領導力的顯學。

我用賴夫利的這句話作為本節小結，當如暮鼓晨鐘：

CEO 要單獨地為公司的績效與成果負起當責——作為標竿的不只是自己的目標，還有外部利害關係人那些多樣的、常互有競爭性的目標。

領導人，負起的是當責，責任的範圍也不會再只是單一的股東價值了。

強力支撐著永續發展（sustainable growth）的核心價值觀，如相互依存（interdependence）、同理心、公平、個人責任感、與跨世代正義等，已成為唯一的基礎平台，差堪建立一些確切可行、更美好世界的願景。

——約納通・波里特（Jonathon Porritt），英國著名環境學家

延伸更深的圖 6-2：

「機制化」（institutionalization）的領導能力：「公雞可以做市長」？

圖 6-5　員工每日工作與企業文化及策略的關連

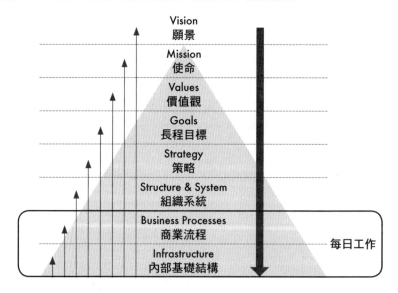

Vision
願景

Mission
使命

Values
價值觀

Goals
長程目標

Strategy
策略

Structure & System
組織系統

Business Processes
商業流程

Infrastructure
內部基礎結構

每日工作

你平日工作中，一天是怎麼過的？怎樣過更有意義的一天？

你大半是依自己的規劃，或都在老闆的規劃、交待、指示中度過？想來，大部分人是在老闆仔細交代並隨時追蹤、查核下度過，許多人還渾渾噩噩、有一搭沒一搭地應付著。應該是職位越高，自

己規劃的部份也會越高，事實也不盡然，還是在聽更大老闆的仔細交代與即時追蹤？

古人說，一日之計在於晨。你在早晨的工作效率特高嗎？

我在自己辦的許多演講會與研討會裡意外發現，尤其是年輕人，下午的精神與效率似乎更高。因為，他們前一晚的遲睡或少睡，讓應是清新一片的早班交通車廂裡，反成了昏睡一團，昏睡又會繼續再延伸。所以，現代人可能要改成：一日之計在下午。

更進一步來說，如果要講求工作效率（efficiency）與效果（effectiveness），一日之計應在前一夜。在前一夜裡，你曾對次日工作作息做出規劃嗎？你相信隔日、來日或來週的工作效果或效率會因此而更大嗎？

如果，我們要做工作規劃，規劃的時間單位要有多長？很多專家認為，不管是多麼長、中或短程計劃，最後都應該要拆減成為每週計劃，計劃才能真正有效推動與落實。

如果如此，每週計劃又有何所本？當然是來自每月計劃。我以前在做銷售工作時，就懍然於銷售業績每月檢討一次、歸零一次；每一季有季檢討，季報沒達標是件很嚴重的事，須立刻上架緊急 B 計畫說明如何追回業績。當然了，年度達標是年度盛事。

年度目標是重頭戲，年度計劃總是在各方考量與要求下訂個仔細。年度目標訂成後，回頭再依當年各月的各種預測狀況分配出每個月業績目標，並作成承諾。就是這些目標，最後終於影響到你每週、每日的工作與生活。

這樣「規律」的工作與生活規畫，會有趣嗎？絕對有，但需加點「料」，幫你做個進一步的料理分析如下。

　　一年的年度計劃又是從哪裡來的？應該是從三或五年中長期的策略規劃來的。策略規劃讓你看到三年或五年後的目標，高瞻遠矚的領導人甚至還看到了組織未來十年的願景；只是，五年、十年後的目標是有點遠，甚至有點模糊了。時間越長遠，「夢想」的成分就越濃了些；但，有心人在築夢、逐夢、完夢的慾望上也越來越高了，人心也因此開始動了起來。「夢想」讓許多日常、平凡工作變得更有意義，因為工作已經變成夢的一部份了。注意的是，別把夢想當成是中國式的「幻夢」，而是美國式的「美夢」——有一天美夢終會成真，這才是人生！

　　我有朋友說，世紀科技變化太大，在這 VUCA 世界裡，兩年以上的策略規劃多是不務實了。但，你知道嗎？有許多著名國際公司，他們一直在務實地推動滾動式五年策略規劃，例如矽谷高科技公司的甲骨文。又如，日本軟銀董事長孫正義，他是企業經營者，也是投資大師，他一直在強調的是，他正在執行的可是為期一百年的策略規劃！

　　拉回「現實」，如果我們是在執行一個五或十年的策略規劃，這個規劃鎖定的目標、目的與原則會是在哪裡？長得又怎樣？

　　線索在本章首的圖 6-2 正視圖裡。

　　在圖 6-2 的「策略」之上，我們看到了願景、使命、價值觀——別再爭辯這三者間是誰在誰之上，目前百家爭鳴，各擅勝場，其實並不重要。國際上，許多卓越百年企業多是在執行他們的百年使命；他們的使命（或宗旨）常令人動容，總是與主要利害關係人的價值相連結，與人類社會的高貴情操相連結。他們為達目標所持的做人處事原則，亦即核心價值觀，也總是幾十年、甚至百年

不渝的，宛如是舉世滔滔中，固守著人類靈魂的明燈。

這些願景、使命、價值觀中，讓我們看見了領導人/創立人與公司長遠的目標、夢想，還有公司與工作的目的與意義；也會清楚說明為了達到那樣的境界，長年總會堅守的原則與價值觀在哪裡？這樣的願景、使命與價值觀常是更久不變的，那麼，應該不應該向下與三年、五年或十年的策略規劃遙遙相連？

給你一個百年想像實例，那是默克醫藥公司前 CEO 維吉羅斯（Roy Vagelos）在 1991 年時的想像：

> 想像……我們突然進入時光隧道，來到了一百年後的 2091 年，那時，許多策略、流程都因快速發展而改變，改變之大遠遠超出大家的想像。
>
> 不過，不管公司發生什麼改變，有一件事是恆久不變的，那就是默克人的精神。
>
> 默克人把對抗疾病、減輕病痛、協助人群視為真理，並以此真理為後盾，不斷發明偉大產品。

一百年後的企業與一百年前的企業，一路走過真是始終如一，中途容或有歧路也終是歸正。距今又約一百年前，1920 年代的創業者喬治・默克（George Merck）的格言是：

> Medicine is for the patient, not for the profits. The profits follow.
> 醫藥是為病人的，不是為利潤的；利潤，會隨後跟到。

　　想一想，當你的每日工作與長年使命或願景，有蛛絲馬跡般的隱約相連時，你會不會覺得工作更有目的、更有意義，不會像每天在撞鐘度日？別忘了，除了公司的願景、使命與價值觀，還有個人級的願景、使命與價值觀——在第七章中有細細說明。

　　可惜，有許多人每日、每月與每年的工作，總是依據他們的階級、再依老闆的指示而進行的，大家只是為工作而工作，為生活而工作。老闆又為何如此行，也百般無奈地取決於當時的世局與環境；眾人皆心無定見，隨局而變，隨遇而安，甚至隨波逐流，還美其名是彈性策略了。

　　你為你的公司或工作感到驕傲嗎？或者，身為領導人，你讓你的員工感到驕傲嗎？

　　其實，甚至不必高談高遠的願景、使命、價值觀，光是談你當前專案或工作本身的 MICS（蜜可思）都可震動人心！我們在許多國內外高管研討會中，都得到明證。

　　M：Meaning，工作的意義性；與願景、使命、價值觀的連結？老闆在交代工作的同時，可以多做些說明嗎？尤其對於千禧世代以後的人們，工作上的有意義性已成為要件。

　　I：Impact，工作成敗會造成的影響；定性或定量的影響，直接或間接的影響，個人或公司的影響，影響到營收上線、績效下線、或成本中線？

　　C：Competencies，工作能耐；如何在工作中應用或培養現在或未來的新、舊軟能力與硬能力？現在是仍力有未逮或游刃有餘？或希望培養何種新能力中？

S：Self-determination，自決能力；例如在 ARCI 法則中當個甚麼樣的 A ？承受當責的意願與慾望如何？老闆教導或輔導的程度如何？角色與責任的釐清。

（如對 MICS 有更多興趣，請參閱拙著《賦權》一書）

這時，MICS 像小一號的願景、使命、價值觀與策略規劃及執行——讓它在小案子裡、短期工作上，撩動、鼓動人心。

把每日的日常工作連上關鍵的每周計劃——因此，許多卓有績效的經理人會留下一段周六早或周日晚，做個周計劃的整理。周計劃終究會連上策略——不管你是多少年的策略。然後，進入我們前一節論述的「這三環」——中環策略後就往下進入結構與系統、工作流程與基礎結構，**最後在市場與客戶，乃至主要利害關係人上發揮了無比的執行力**；中環策略往上則進入以價值觀為重軸的組織文化，得到了組織更大的背後支撐力了。

不管每日工作或三年策略，卓越領導人常自問或問人：

這樣做，合於我們的使命、願景與價值觀嗎？

如果不合，就面臨放棄的命運了；不應是，朕有權隨機做變更、另訂標準。當一個組織的最高領導人說：朕是制定與改變文化的人，不必遵守文化。那麼，組織的文化就會崩盤，組織從道治、法治又淪回人治。

我有位大執行長朋友，他有次在高雄巡視工廠時，發現有位工人居然把廢液偷偷倒入水溝中。執行長當場抓住他，問：「你這樣倒廢液，符合我們公司的價值觀與願景嗎？你知道我們公司的願景是，要成為世界級的模範綠色企業嗎？」

原來，高空級理念就是如此簡單的落地應用。

在名詞上，這種每日工作與「這三環」上的緊密連結與互動，有個專有名詞稱為：機制化（Institutionalization）。領導人擁有「機制化」能力，是強盛領導力中一個重要要素。BusinessDictionary 對「機制化」在商業應用上的定義是這樣的：

> 它是一種流程，將組織之行為守則、使命、政策、願景與策略規劃，轉化成行動所依據之準則，讓組織內主管們與員工們可以應用於日常活動之中。它瞄定的是，將組織之基本價值觀與目標結合，以進入組織之文化與結構之中。

定義很嚴謹，有些繁複也有些煩人，我畫成下圖給你方便看。

圖6-6　建構你的「機制化」能力（Institutionalization Capability）

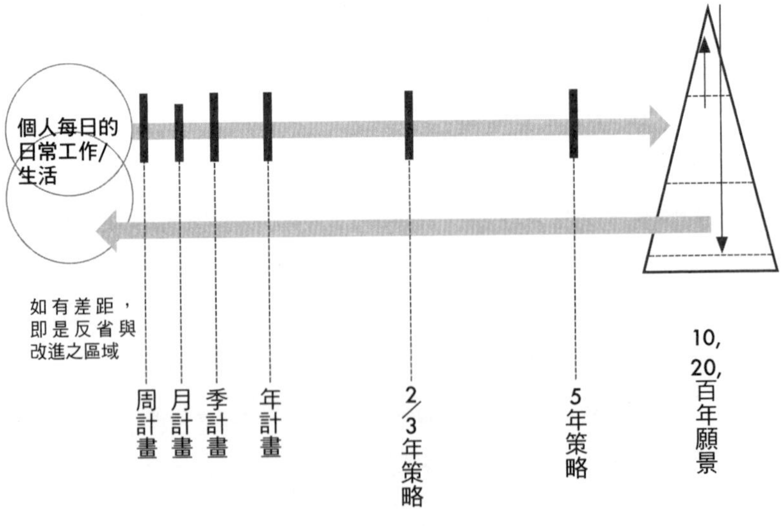

在機制化能力下，尤其是以身作則的主管們，每日活動應該常做思考與調整，減少差距，至少留在交集區裡。古時，孔子的弟子子貢稱：「吾日三省吾身」，他三省的標竿是三個價值觀；今人容或有自省，常亦無標竿。

耶魯大學終身職教授陳志武出生於湖南，曾被華爾街日報評為中國十大最具影響力經濟學家，在他的 2010 年著作《沒有中國模式這回事》中，他探討為何中國人總是勤勞而不富有？為何總是自外於世界一體？雖然中國歷來都是世界進程的一部份。中國人普遍缺乏機制化能力，陳志武教授的建議是，中國經濟持續發展動力應在於建立並累積足夠的「機制化資本」（institutional capital），亦即，在機制化能力、文化，與軟實力上。

企業是應該努力建立並累積足夠的機制化資本，領導人尤應以身作則，提升自己的機制化能力。在台灣，我們也一直苦於「沒有台灣模式這回事」，追求的總是即興的、淺碟的、直接的、硬的、短期的，是為施振榮先生所稱的「半盲文化」，盲掉了另一半，不自知也不在乎。

2016 年 4 月《天下》雜誌有篇龍應台的文章〈公雞可以做市長〉，其中也有段有關機制化能力的論述，故事從德國開始。為什麼經過二戰那樣全面摧毀性的浩劫後，德國可以在短短幾年間從廢墟中再度成為世界強國？答案是，這個國家有強大的機制化資本與機制化能力。

什麼是機制化？龍應台說，直到她在美國留學時聽了一位德國社會學者邁爾教授的演講及會後討論才算明白。邁爾教授解釋：「機制化不只是機構 —— 機構靠的是制度；不只是制度 —— 制度靠

的是文化；不只是文化——文化代表著大家有一個共同遵守的價值觀和信念，一套大家接受的行為準則和習慣。」

機制化不只是機構、制度、文化，那還是什麼？邁爾教授問龍應台：「中文裡有沒有一個詞，涵蓋機構、制度、文化、價值觀、信念、行為準則的？」

龍應台回答沒有。

現在，我認為有了；就叫「機制化」，希望此後還可能發揚光大，用在國家/社會上、組織/企業裡，乃至個人領導力上。機制化包含：機制化流程、機制化能力，乃至機制化資本。希望，台灣有一天也蛻變成一個機制化軟性資本雄厚的國家。

其實，這個機制化流程是如此簡單清晰、逼人直視，例如：每日活動→週、月、季、年度的規劃→中長程的策略→使命、願景、價值觀的連結→文化的形成→行為準則與決策依據→策略的提升與調整→結構與系統的配合→商業流程的設計與改變→基礎設施的建立與提升→外界環境認知與適應→計劃的調適→日常行為與每日工作/生活。

再回頭看看圖6-6，整個流程清楚明白合成了你的機制化能力。這個機制化流程在運作時，有時是細水長流般依序以進、卻貫徹始終，有時也可能如電光火石般，在各點上靈光乍現，但仍是井然有序有理，不會壞了規矩。機制化能力讓你從容不迫地履行每日活動與每日計劃，背後遙遙相連與支持的是組織的策略與文化，**以及接著地氣的市場、客戶與關鍵利害關係人的價值。**

我們在企業發展上，不宜老是談彈性——彈性到沒有策略，沒有文化，沒有願景、使命、價值觀，沒有原則、守則，這種發展

實為不可持續性發展。我們不應只看冰山上的光鮮亮麗,而不去注意冰山底紮實的機制化資本。

在國政層級上,我還想再引述一段龍應台的精彩論述,她說:「沒有什麼比建立強大、完善的機制化更重要的事了。當機制化強大時,政黨可以不斷更迭,首長可以隨來隨去,黨派可以鬥得風雲變色。但是機構,因為事務官的機制化能力深厚,可以篤定握緊手中之舵,讓國事如黑夜湍流中的巨艦,穩健前行。」

你曾否發現?有時,美國總統似乎是全力放肆施為,但大多數美國人為什麼還是很放心?因為,美國也有很雄厚的機制化資本,而最底層的就是「美國精神」或「美國價值觀」牢牢統合著人心,緊緊地抓住基線。

所以,龍應台說:「說得激烈一點,如果機構的機制化能力強大,一隻公雞來做市長也不會出事啦。」

領導人們,加油。我們很需要「建立並累積足夠的機制化資本」。個體上,我們很弱的似乎是流程與紀律。整體上,我們更積弱的是文化的經營——尤其是文化中核心價值觀的經營。

於是,我們的重心又回到「這三環」中的環心:核心價值觀。

「機制化」小案例：
不再是「半個領導人」！

Things alter for the worse spontaneously if they be not altered for the better designedly.

事情常常自發性地轉成更壞——如果不是被有計劃地轉成更好。

——法蘭西斯‧培根（Francis Bacon），英國著名哲學家

2017 年 7 月，我在台北參加一個經濟論壇，席間資誠（PwC）企管顧問公司副董事長劉鏡清先生有感而發說：「我在外商公司工作二十餘年，也在四家台商工作過，我發現台灣人不做規劃、也不會做規劃。沒有全盤規劃，事情都是一點一滴往前做，且做且想且走，還美名為彈性。」

我心有戚戚焉，十餘年兩岸顧問經驗確信如此，業界還流行著：「計劃趕不上變化，變化趕不上老闆一句話——或，趕不上客戶一通電話。」好大的無奈，好多要素無法控制；但，你想過這句話嗎？

現在，規劃你能預測的事；
未來，才能處理你無法預測的事。

比商場更嚴峻、變化更大、成敗更殘酷的戰場上，專家們又怎麼說？

二戰時歐洲盟軍最高統帥是艾森豪將軍（Dwight Eisenhower），他打完二戰後又當了兩任美國總統，他的名言是：Plans are nothing, planning is everything. ── 意思是，規畫是沒用的，但，規劃的過程卻是重要無比。

在阿富汗、伊拉克戰爭現場出生入死，領軍作戰的美軍四星上將馬克里斯多（Stanley McChrystal）說：我們沒有作戰手冊（manual），但有作戰藍圖（blueprint）；藍圖是我們在白板上，在大家的注視下成形的；這樣出來的藍圖幫助現場戰士們更有能力應付各種突發狀況。美國海軍的海豹部隊在伊拉克建立灘頭堡的場場惡戰，也是如此規劃並執行的 ── 還有你想不到的是，惡戰後還得寫成書面檢討報告。

商場如戰場，身為領導人，你一定要規劃、會規劃；商界遠非政界，別學政客毫無章法、毫無原則的混戰了。

企管著作超過七十本的加拿大著名顧問布萊恩・崔喜（Brian Tracy）說：

> 你在規劃上所花費的每一分鐘，能夠在執行上為你節省十分鐘；意思是，你可以在能量（energy）的回收效果上高達 1,000％。

更重要的是，如果你只做執行，不做規劃；或，只做規劃，不做執行，那麼杜拉克說，你就是「半個領導人」 ── 因為，現代

領導人都是一手規劃一手執行，兩手兼具，才能成為一個完整而成功的領導人。

我們得退回到一百多年前的時代裡，才能容許聰明人只做規劃而不必管執行。例如，在亨利‧福特的汽車工廠裡，聰明的經理們只做規劃，規劃完成了交給底下工人去執行；工人只管用手用腳、不可用腦。福特還曾對工人說：我只雇用你的手與腳，千萬要把你的腦留置工廠大門外！

後來，日本汽車工人不只執行也做規劃，他們在 TQM（全面品管）上的做法，震驚全美引發了管理改革。工人要規劃、要執行，經理人更需一手規劃、一手執行了；只執行、不規劃，層級都不見了。

華為總裁任正非總是要他的領導人學學狼與狽。他說，狼善於執行，狽善於規劃；狽體型較小，在進攻時，狼會背著狽，攻敵致勝的機會就很大了。

或許，只管執行、不管規劃是「半個領導人」—— 也是事倍功半那種半，成功機會如果是 50％；那麼，狼狽成事（說「狼狽為奸」太沈重）的機會應該是 80％了；做個一手規劃、一手執行的領導人，機會應是近 100％。

我總是深信著，規劃時要做很大；但，我也總是在事後發現，我們的計劃不夠大。

—— 艾佛瑞‧史隆（Alfred P. Sloan），《我在通用汽車的歲月》

向你介紹一個簡單的規劃工具，我們暱稱它為「兔寶寶」，要言不繁，先畫給你看，如圖 6-7：

圖 6-7 「兔寶寶」的規劃與執行流程

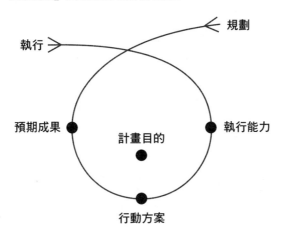

兔寶寶有兩個長耳朵，一耳是規劃，另一耳是執行；啟動大小案子時，首先一定是規劃。領導人，請忍住急性子，別立馬執行，別再想以前那一套：戰場見，誰怕誰？兵來將擋，水來土掩；逢山開路，遇水搭橋；見招拆招，見風轉向…《孫子兵法》說：「勝兵先勝而後求戰，敗兵先戰而後求勝。」所以，當個勝兵，先做規劃。

兔寶寶有兩個眼睛，一邊是預期要交出的成果，是各種可計量的目標。另一邊是執行能力，包含各種所需資源，如金錢、人力、時間、軟硬體，到所需技能與能耐 —— 這部份是台灣領導人最不想碰觸的部份，老闆不想給，部屬不知如何要…噯，到時再說吧。古時，大戰將說：大軍未發，糧秣先行；我們現在常是大軍已發，糧秣無著。「噯，到時再說，天無絕人之路吧？」

兔寶寶的小嘴巴是行動方案。例如，你要達成那個預期目標時，必須一定要執行的幾個行動方案會是什麼？或者，反過來說，

如果沒做過這些個行動方案，你根本就不可能達標致果。這部分通常是台灣經理人最利害的地方，但常埋在心裡不講出來；請寫下來，讓團隊在白板上挑戰，一起做更多的思考——思考到足以應付意外狀況。或者，應用晚近又流行的 OKR 法則，鎖定三到五個關鍵性行動方案也行。

最後——甚至應是最先做的，是兔寶寶的鼻子，是計畫目的——這個專案目的何在？意義何在？影響何在？為什麼要做這案子？（想到前述的 MICS？）有何前因後果、來龍去脈、輕重緩急、利弊得失？這部份是台灣領導人最弱的部份，反正大老闆已經交待，我就全力以赴，不必再多問——不問自己，也不問別人；問老闆時，他也常是不很清楚，問多了還惹生氣。實務世界裡，不少正在進行中的計畫，根本還無法通過這一關，卻已自動過關在推行了。

然而，在現代計畫管理中，這個鼻子部份的「計畫目的」不只是計畫存在的最大理由，也已成為最能領導「人才」、激勵「人心」的要素了。此外，為了讓各路英雄好漢能「志」同「道」合一起工作，團隊在互動、處事的基本守則是那些？能定出寫明嗎？我們這跨國團隊，東西番人雜處，管理有「道」嗎？

現在，開始做規劃了。從兔寶寶的右耳進入，逆時鐘而行，第一個碰到的是「預期效果」——可能就是 KPI，或其他可計量目標、標的，例如在八個月後，計畫完成時，你要交出什麼樣的成果？「成功」長的是什麼樣子？

定義清楚後繼續往前行。碰到了「行動方案」，亦即，為了要達成那個預期成果，你必定要推動的三、或五、或八個重要的行

動方案是什麼？這是可預測的部份——只有先規劃可預測的部份，未來才更有能力去處理不可預測的部份，不是嗎？

然後，繼續往前行，遇見了「執行能力」——你憑什麼可以推動那三、五、八個行動方案？巧婦難為無米之炊，柴米油鹽醬醋茶分別在那裡？鍋碗瓢盆呢？錢、人…食譜需要嗎？工作環境的書畫琴棋詩酒花需要嗎？列出來，算清楚，資源是要跟老闆「爭取」的，不會自然奉上。如果，因資源不足而最後無法交出成果時，為最後成果負全責的「當責者」（accountable）可正是身為計畫負責人的你。有了「當責」概念，讓領導人在規劃與執行時更認真，因為以後沒藉口的。

當你從右耳進入，逆時鐘而行時，一定別忘了要不時盯著鼻子的「計畫目的」，思考各種有關問題。聽卓越企業說，一個「領導人」最在乎的兩項就是：「計畫目的」的 Why？與「預期成果」的 What？「經理人」最在乎也最擅長的則是「行動方案」的 How 之 1，與「執行能力」的 How 之 2，或許再加個何時的 When——何時啟動？何時查核？何時完成？

好的規劃通常都是從最後成果反推回來的。例如，在長遠大目標上，最後的夢 / 願景是什麼？那個 BHAG 是什麼？在專案上，三年後想達成什麼目標？或八個月後想交出什麼成果？然後進入兔寶寶逆時鐘旅程。我以前在美商公司工作，輔導過十幾個事業部做策略規劃，都是用這種「反推法」，我們稱之為：「為未來寫出編年史」——Furure Business History，簡稱 FBH；意思是，未來仍未到，但我們這些領導人正要為未來先寫下一篇「編年史」。未來會不會改變？一定會。那現在還要規劃嗎？一定要，未來史將會是一部不

斷 update（更新）與 upgrade（提升）的史。

規劃完成後，你有沒有像漢朝大將張良那種「運籌帷幄之中，決勝千里之外」的快意，或像宋朝范仲淹般被敵軍譽為「胸中自有數萬甲兵」，或至少是全隊/全公司裡對全案最能掌握的人？你，更像一位領導人了。

規劃完成，開始進入執行——亦即，從兔寶寶的右耳進入，順時鐘而行，有執行能力，有行動方案；執行時不斷有意外發生，Plan A 不斷跳到 Plan B；Plan B 變成 Plan A 後又有新 Plan B 出現，有時甚至要有 Plan Z——計畫全敗時的逃生並避免流落街頭的計畫。PDCA 不斷在循環著，這段執行段是台灣經理人們最擅長的，就不再贅述了。我們只是想藉規劃力的補充，更進一步提升執行力。

現在，你或許會發現在兔寶寶的規劃與執行中，從突出的雙眼到長長的兩耳、到小嘴巴、到關鍵性的鼻頭的運作中，從心理到流程到實體裡，你看到了「機制化」小一號的蹤跡。

是的，這是建構「機制化」能力的小案例。讓我們不再只是執行大將，也是規劃、流程、系統、與團隊文化激勵大將，總是不再是「半個領導人」。

Personal leadership is the process of keeping your vision and values before you, and aligning your life to be congruent with them.

個人領導力是一個流程，是把你的願景與價值觀保值在你的前方，然後，把你的人生與它們連線一致。

——史蒂芬‧柯維（Stephen Covey），成功學大師

第 **7** 章

領導自己

Nothing so conclusively proves a man's ability to lead others as what he does from day to day to lead himself.

沒有其他事可以如此令人信服地證實：一個人領導別人的能力，一如他日復一日地領導他自己時的作為。

——湯馬斯·華生（Thomas J. Watson），IBM 前董事長與執行長

圖 7-1 從意識到行為與績效的領導力開發

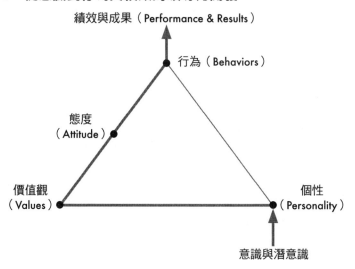

績效與成果（Performance & Results）

行為（Behaviors）

態度（Attitude）

價值觀（Values）

個性（Personality）

意識與潛意識

領導自己是領導他人的基石。

我們在談領導力時，總是在談領導別人——尤其是領導部屬——的能力，很少是談領導自己。在面對部屬時，我們其實也不談領導，談的是管理；我們還一直在倡談如何管理別人。

在真實管理別人時，我們甚至常把別人當成動物在管理。很多老闆常會說：管理無他，就是 carrot and stick（胡蘿蔔與大棒子）——做對了、做成了，給獎；做錯了、失敗了，處罰，就這麼簡單而且有效。胡蘿蔔與大棒子，原是用來管驢子等動物的，用來管人也一直有效，還似乎有效到未來？現代企業人總是以為屢試不爽。

現代管理其實也很努力著，要把人從一般人提升到更可重視的「資源」（resources）。所以，公司的「人事部」原來只是管人事作業等雜事的，現在多已改稱「人力資源部」，是要好好開發人力這種資源的。只是，人力還仍只是「資源」之一，似乎是還要與其他資源如：資金、時間、機器設備、土地、軟體、硬體……等比評重要性，也不一定贏的。

後來，有些公司赫然發現，人真的是最寶貴的資源——例如，一家專靠人才人力的軟體設計公司的大老闆說，當夜晚來臨，他看到員工們都回家去了，他公司的資產幾乎等於零了；他希望明早這些「重要資源們」又會一起回來。全食超市的執行長說：我們不該把人當資源（resources）看，要當泉源（sources）看。因為資源像煤礦藏，終會用光；而泉源像太陽，是用之不盡的，可以連續產生能量、光與溫暖；問題是如何挖掘、如何培育了。

好極了，人已經從資源之一變成最重要的資源，還希望將是

取之不盡的泉源。後來，資源也轉個向，升一級變成了「資產」
（asset）；「人是我們公司最寶貴的資產」，成了當代許多領導人對人
的最高讚賞。資產，是要專注投資且長期珍視的，領導人在管理人
上，似乎比較不再打罵，也想到再投資了──不久前還只是在用
他們的現有技能，用完就丟，很難訓練的。

「最寶貴資產」的下一步呢？彼得・杜拉克在六十幾年前就說
過了，在企業裡，我們可以把員工當人（people）看嗎？發掘、發
現這個人，發展人才、才賦（talent）。看來，最後應是也不要把人
當成「最寶貴資產」了，人就是要被好好當成「人」、「人才」來開
發發展（talent development）。

這條路還真是一條漫漫崎嶇路，「胡蘿蔔與大棒子」還是被當
成很有效的管理方式，許多公司更且鼓勵學習各種動物，要如狼似
虎，又如鷹如龍。然而，學習層次應有分別，在戰鬥、戰技、戰術
上或有可學處，戰略上的思考就不必了；戰魂裡的願景、使命和價
值觀，確定只是人類獨有。

也難怪，人類的潛力、腦力據說都只用了百分之二、三十。領
導力的發展呢？也很差，「世界經濟論壇」在 2015 年所做的調查報
告中指出，他們的 86％ 受訪者都認為，現代世界各地、各行各業
裡，正遭逢的是「領導力危機」。

那麼，我們需要由「管理」人提升到「領導」人嗎？也需要在
領導「別人」之前或同時做好領導「自己」嗎？現代領導學專家認
為，現代領導人應該花一半以上的精神與努力在領導自己上。

還是先有個大哉問：領導與管理有何區別？

答案可以很簡單，也可以很複雜，但在現代化管理實務裡，領

導與管理兩者的交集已經是越來越大。

領導與管理有什麼不同？就以被稱為「領導學之父」的班尼斯（Warren Bennis）的精彩論述做個總結，他分析如下：

管理	領導
・聚焦在系統與結構上 ・倚靠「控制」 ・擁抱短程觀點 ・常問：如何做？ 何時做？ ・總是牢牢看著利潤底線 ・重視複製 ・接受現狀 ・治理 ・把事情做對 ・是經典的好戰士	・聚焦在人上 ・激發「信任」 ・擁抱長程遠景 ・常問：做什麼？ 為何做？ ・看的總是眼界地平線 ・重視創新 ・擁抱改變 ・創新 ・做對的事 ・做好他/她自己

論述精闢，他人應難出其右，就不再贅述了。

對於領導力，班尼斯被引述最多的可能是這句話：

Leadership is the capacity to translate vision into reality.
領導力就是把願景轉化成實務的一種能力。

英文中的「能力」是用 capacity，不是 ability；所以，更是指一種學習、成長、擴展的能力，比較不是指現有、固有的能力。班尼斯的領導力很顯然是從最高點的「願景」到最基層的基礎結構，乃至包含客戶與市場與利害關係人的經營。所以，是看好遠遠的地平線，然後捲起袖子走入群眾──有時走到前面，帶頭衝刺；有時走入人中，以身作則；有時走到後面，領導人最後才吃。

　　領導人這般辛苦，還想當嗎？當然想。真好，這未來世界才是充滿希望了。

　　領導人是天生英才的多，或是後天製成的更多？班尼斯研究指出：領導人比較不是天生的，而是後製的。如何後製？班尼斯的進一步觀察是，更多的領導人是如此這般製成的，如：

● 意外：讓人想到許多領導人真的是在關鍵時刻意外挺身而出而成的。

● 環境：大約是時勢造英雄，英雄乘勢而起，就各領風騷一些年了。

● 全然的計畫、毅力與意志力：在此我們也看到領導人的意志與堅持。

　　班尼斯又說，由這三種因素製造成功的領導人，比所有領導力課程加上培訓出來的還要多！

　　杜拉克對領導人「製程」與「製成」也有更多細微的論述，他說：

　　　我所看到的大多數領導人不是天生的，也不是人造的；他們是
　　　自造（self-made）的。我們需要太多領導人了，實在無法僅靠
　　　自然。

　　細究領導力的自我開發，許多人的經驗正如下述，概分三個時期：

● 第一期：向外學習；這時很努力往外看、尋找與試驗，例如：

◆ 讀國內外著名領導人的傳記或自傳，也觀察他們的言行。

◆ 讀各種有關領導書籍，聽學者與高管在各處的講演。

◆ 參加公司內外的多樣領導力訓練課程。

◆ 向高管學習實務，也接受導師、顧問、教練的直接、間接指導。

　　這是一段很重要的學習之旅，學取很多技能與工具，甚至不惜模仿他人言行與風範。

● 第二期：向內學習；開始發現外學的有些僵化，用起來不是很自然，例如：

◆ 像穿衣，雖還合身，但不適合自己的身分與風格。

◆ 言行雖得體，總覺得是外來的、有假冒感，是引述，少些自信。

◆ 經思考與試驗後，慢慢發現有些是不合適的，仍待去蕪存菁。

◆ 想表現出自己公司與自己的獨特風格，也想超越原來學的。

　　於是，認真審視經驗，思考了自己的動機、需求與價值觀，思考如何融合內在與外學的，建立自己的領導力。

● 第三期：發現自己；個人發展上有了轉折點，有能力結合內在與外在，例如：

◆ 不斷向外、向內學習，但自覺更有自信不必模仿他人

◆ 開始表現真我，有自己的願景、價值觀，用自己的言語、風格

◆ 維護自己的信念、價值觀；有邏輯、適當地發出自己真正聲音

　　所以，在這個階段，他會發現真正領導力是來自自己與自覺；更能體會出班尼斯說的：「成為領導人的同義詞是，成為你自己。」想提醒的是，「成為你自己」之前，別忘了有第一期的向外學習，與第二期的向內學習。

　　GE 前 CEO 傑克‧威爾許在退休後的國際巡迴講學中，也不斷在提醒，領導力中最重要的一環，「想都不用想，一定是：自我覺醒（self-awareness）」。
　　你有多認識自己？

If you seek to lead, invest at least 50 percent of your time in leading yourself.
如果你在追求領導力，那麼你至少要投資 50％你的時間在領導你自己上。

——迪伊‧哈克（Dee W. Hock），VISA 創辦人與前執行長

7-1 認識自己：其實，我們沒搞清楚「問心無愧」或「勿忘初衷」？

> 天才與笨蛋不同的是，天才知道他自己是有限制的。
>
> ——愛因斯坦（Albert Einstein），物理學家

我們並不很認識自己。

我們常常兀自自言自語，或向外大吼大叫：我問心無愧！如果還要加強的話，會再補一句：我心中坦蕩蕩。事實上，常是並沒有「問」——認真而誠實地問幾個關鍵難題；也沒有「心」——心中有標準、原則或普世價值觀、或法規；當然也沒有答——認真而誠實地在評比後回答自己。而是，心中早有定見，早已原諒了自己，為自己找到許多藉口，也合理化這些藉口，準備應付外戰了。

我們常常總是無心的——你「心」中的標準在哪裡？是我們社會普遍認同的「道德」，或是我們專業領域裡的「倫理」，或是我們自己或組織奉行的「價值觀」？或是最後一道防線的「國法」？我們常常心中一片空白，卻說成心中坦蕩蕩。

所以，將心比心推己及人，當你發現一個政客對著媒體說：問心無愧，心中坦然時，我們的警戒心立刻升起。有時甚至立刻聯想到，他可能是有罪的，他在隱瞞什麼？他想圓什麼藉口？

　　但，對於企業人──尤其是要成領導人的，問心是否無愧是個重要手段，先不談無愧或有愧，「問心」幫助你改正錯誤比防範錯誤還多、還重要。問心，並認真而誠實地回答，然後訴諸改善或提升的行動，已成一種重要的自我認識與領導自我的工具了。

　　在領導力的開發與實踐上，許多專家不斷告訴我們，學習領導自己的比重大於領導別人，而領導自己中一個重要理念，是英文稱 self-awareness，中文意義是自我察覺，或簡稱自覺。

　　《與成功有約》的柯維（Stephen Covey）說：「自覺是我們要有能力從我們自身騰出來，去檢視我們的思維、我們的動機、我們的歷史、我們的原稿、我們的行動，以及我們的習慣與趨向。」所以，自覺包含深深的個人誠實心裡，要自我發問並回答一些很困難的問題。

　　在領導上，這些困難問題除了比對前述的倫理、道德或價值觀與法規之外，自我察覺包含如：

● 我看到了我的行為與想法──宛如有一位中性的第三者在一旁觀看。
● 我知道我的行為會影響到其他人。
● 我了解自身強處、弱項與限制──總的來說，還蠻喜歡自己的。
● 我是有一些天賦與特有個性，還很有創意的。
● 我總是活出價值觀，守住原則；總是有勇氣說出真相，我不會無事自擾。
● 我崇尚自由與紀律，想揚長補短，也想發展更好的社交關係。
● 我愛人，也希望被愛。

所以，自覺是有自知之明，能更準確地評估自己、發揮發展：

● 自己的過去、現在、未來；核心價值觀、長短程目標。
● 自己的強項、弱項、限制；敢於坦率承認失敗並承諾改進。
● 自己的自信、自謙與自嘲；務實、有幽默感。
● 從他人眼中看出自己，找到差距。

從他人眼中看清自己與自己要看清自己，兩者之間並沒有關聯，但合起來就成了自我察覺的全部了。

自覺——覺察自己、認識自己，從兩千五百年前希臘思想家亞里斯多德時代就開始要求了。他說：認識自己是智慧的開端。

五百年來，耶穌會訓練許多人才到孤立無援、千里之外的異域裡工作，成功地工作，如，來中國的明朝利馬竇、清代郎世寧；他們培訓所秉持的四大領導特質之一，正是自覺。在訓練自覺時，他們被要求了解自己的強項、弱項、價值觀與世界觀；自覺還是其他三項特質的基礎。要了解清楚哪些核心信念與價值觀是絕不容許改變的，也因而形成一股重要的穩定力量，讓領導人不致隨波逐流；知道什麼能變，什麼不能變，勇敢地捍衛使命，充滿自信地做出創新或調適。

自覺，也是一個自省的過程，在這自省過程中，讓自己深刻瞭解：我是誰？我怎樣過來的，我要往何處去？我要怎樣過去？我的強項與弱項在哪裡？我熱愛什麼？我的核心價值觀與信念是什麼？

耶穌會的會士在自覺上有長達三十天、全神貫注的所謂「神操」，為自覺奠定了堅定的基礎。然後，會士們每人每天都要有兩

次的省察（examen）；當代許多領導人至少每週一次——芸芸眾生的我們一生或許沒一次？

三十天全神貫注的自省自覺「神操」中，肯定會在願景、使命、價值觀與軟實力上的悟透與參透。日後揚帆險惡四海，這個參悟透的「道」宛如「壓艙石」，讓船在航行惡海時，不致輕易翻船。

中國南北朝時，從印度來中國傳佛教的菩提達摩（後被尊稱為「達摩祖師」），是佛教中國禪宗的開宗祖師。菩提本意即為「覺悟」。達摩曾在嵩山少林寺中面壁苦修長達九年，也曾在石洞中留下號稱至高無上武學《易筋經》與《洗髓經》。

三十天神操比起九年面壁，可能又小了一大號，但自省自覺的功夫是不可少。孔子的弟子曾子曾說，他每日三省自身——反省的標竿是自己訂下的三個「價值觀」。

格物、致知、誠意、正心、修身、齊家、治國、平天下，被稱為《大學》的八目。八目從格物開始，依序而動，最後連到平天下。中間到誠意時已大致就緒，正心是確立個人的價值觀與信念，大功告成。後面接續的，是外向的行動了；正是從自我的修身開始，然後逐次擴大應用到環境，乃至四海天下。我說，我們企業人大約不會想到要治國、平天下，那麼縮小規模成為：治「團隊」、平「公司」，如何？

要治「團隊」、平「公司」，在當今時代也不容易了，因為這團隊可能是跨國團隊，這公司可能是跨國國際公司，其內成員包含各種不同種族與民族。記得有次與一家大客戶總裁討論管理問題，他說有次到歐洲視察業務，歐洲區總經理是荷蘭人，說：「當然可以依總公司方式運作——只要合乎歐洲風格。」後來，他又到

了美國，美國總經理也是類似的說法，提的也是要合於美國風格。那麼，台灣總公司，你要的是那國風格？總裁更早提出的可是要：One Company, One Team。

我說，風格這名詞太也鬆散。我們要談的是文化，是企業文化，是讓這家公司在國際運作上成就 One Company、One Team 的企業文化；國際卓越公司在國際運作中，用的是企業文化，不是所在國文化，至多只是尊重所在國文化。

當然，台灣總公司的願景、使命與價值觀，是要施行到全世界各個分公司裡，這是卓越國際公司常例，也是格、致、誠、正、修、齊、治、平——平天下、治公司的道理；勇敢的台灣國際企業領導人們，一定要有這樣的信心與勇氣。可惜，我們對企業文化信心不足、不重視，甚至付諸闕如；於是，面對洋番、平治天下是有些辛苦，追根究柢要回到領導人的「修身」上，再往前推就是格、致、誠、正的自覺功夫了。

領導人領導國際公司宛若領導自己個人，在個人層級上，先把個人願景、使命、價值觀堅定弄清楚，再來是弄清楚企業層級的願景、使命、價值觀——兩層級都要弄清楚而且堅定不移，這些可是日後要用以安內（番）攘外（番），有系統地治國、平天下要用的。

所以，很顯然地，不論凡夫俗子或國際領導人，「問心無愧」都是大哉問。很認真地問，對自己的價值觀、使命與願景，或道德、倫理、法律，真是無愧嗎？很可能認真而問、誠實以答後，總是愧汗淋漓。

「勿忘初衷」，可是我真有「初衷」嗎？

我們在勉勵別人或勉勵自己的時候，也常常提到「勿忘初衷」，或「回到初心」這個初衷或初心，也總是說者無心，聽者也無心的無意義狀態。

初衷的「初」是在何時，現在可能再描述一下當初的初衷嗎？或時已不可考，記憶也不清，或不具時代意義了，那可以是去年初或今年初剛剛規劃出來的「初衷」嗎？

當然可以。我擔心的是，你連今年初的初衷也沒有，卻老是在談或被激勵要「勿忘初衷」。這種初衷或初心，指的應該是心願──當初，還沒被複雜環境嚇到時的願望。說不定當初想得更多，也想過：願望成時是何樣貌？有何好處？為什麼想達成那樣？要用什麼方式達陣？

當初不知天高地厚、不畏山高水深，勇敢作夢；現在長大了，知道完夢有多難，務實了、害怕了，還越想越怕，願望就越埋越深。居然有人不知好歹，勉勵你「勿忘初衷」。於是，勾起記憶勉力再試；或者，本來就在猶疑進行，現在更堅定了。

其實，這也是小了幾號的願景、使命、價值觀的架構，下面的真實小故事分享給你。那是一篇小學生作文，題目是：我的志願。

我希望將來能有一座一、二十公頃的大莊園。在莊園中，種滿綠草。莊園裡也有許多小木屋，還有烤肉區、遊樂區，及休閒旅館。除了我自己住以外，我還要跟前來的遊客分享，也有住處供他們休息。

據說當時班導師的反應是：畫了一個大叉，點評「不切實際」，

並要求重寫。實際上呢？大約三十年後，新竹關西六福村動物園就誕生了。

譯自印度梵文佛家經典《華嚴經》的這句話：「莫忘初心，方得始終」，連蘋果賈伯斯生前都喜歡引用。

三十年「初衷」夠不夠長？還記得前文中提到的百年想像？默克醫藥公司前執行長維吉羅斯在1991年的想像，想像來到2091年，要他們勿忘當年初衷 —— 默克人對抗疾病、減輕病痛、協助人群的默克人精神。一百年要始終如一，中途容或有分歧也終要歸正。距今約百年前的1920年代，默克創業者喬治・默克的格言是：

Medicine is for the patient, not for the profits. The profits follow.
醫藥是為病人的，不是為利潤的，利潤會隨後跟到。

現在應該仍是勿忘初衷。

小人物的我們也有初衷。在哪裡？找回它，可能在小學裡、大學畢業時、就業時、升官時、專案啟動時 —— 是的，專案計劃也是有初衷，可能還很難做到，請別輕易放棄。據說，美軍在專案計劃完成後的績效總檢討會議中，第一句話總是問：起初的目標是什麼？要跟後來改得亂七八糟的新目標再做比較檢討的。

說初衷，太模糊，具體來說有如下述，它至少包含後述中的一項：

● **願景**：夢想、遠景、長遠大目標（BHAG）、中短目標，定量、定性描述都算。

- **使命：** 為什麼要這樣做？目的、宗旨、意義何在？也想過如何完成嗎？高空級的使命宣示亦可。
- **價值觀：** 必守住的一些原則，終極價值觀或工具價值觀皆可；別隨波逐流了。

　　我初中（或現稱的國中）時的初衷不夠遠大，後來已修正了，現在正勇往直前奮鬥中。你的初衷呢？有學者說，這世界裡約有80％的人將平平凡凡或渾渾噩噩地過完一生；「勿忘初衷」可以幫助人們進入另外 20％的人生。

　　以願景、使命、價值觀為鑑、為準，至少形成個人文化，你才可能大言「問心無愧」，也勇敢地勉人勉己「莫忘初心，方得始終」，成就人生。

7-2 做個有「品格」的領導人：從個性到價值觀、到行為，一路的雕琢

Anything that changes your values changes your behavior.

任何事改變了你的價值觀，將改變你的行為。

——喬治‧席翰（George Sheehan），美國醫生與跑步專家

　　品格的英文是 character，希臘原文是 kharakter，意思是：雕刻、雕琢，使具有特徵。所以，品格是雕琢出來的，不是天賦天生的；那麼，如何雕琢呢？

　　品格是在天賦的個性（personality）之上，再經由家庭、學校教育、社會薰陶、工作操練、自身經歷，再加上自修自強不已、有意無意間形成了信念與價值觀。價值觀又直接、間接地因工作或生活，呈現在一般或特定行為（behaviors）上——不只是思想，因為思想不易看出來；不只是態度，因為態度容易引起誤會。是行為與行動，所以他人得以觀察出來，並日漸成為這個人的特徵。

　　這個定義很清楚，但太長、太細了，很容易催眠人，我畫個圖如圖 7-2 幫你醒目、醒腦——還是個老圖，在第四章已有簡圖，本圖是有加強過的。

圖 7-2　品格的雕琢之路

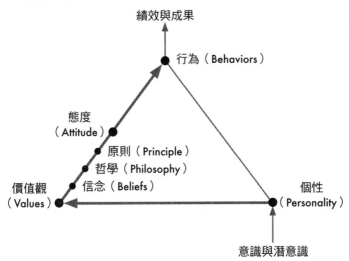

看圖明義時,是從上圖三角形右下角的「個性」開始。個性是天賦的,人的一生大致上是不變。很多心理學家都在幫助人們探索自己的個性,以期知己知彼,更利合作;或知己更深,發揮所長,也讓工作與生活得心應手、更生快樂。

從個性開始向左線延伸,經過家庭、學校、工作、社會的薰陶,加上自己的成長與經驗,而有意無意地形成 / 選擇了自己的「價值觀」;這些價值觀通常不太明顯,後因工作環境要求或自己刻意修練而彰顯。價值觀再分別經過定義澄清、生活經驗、關鍵議題衝擊、優先選擇次序等的批判性對抗,而先後形成信念、哲學、原則,概念化而形成「態度」。這段過程與成形,有人也稱之為心態(mindset)的形成。

心態的定義是:「價值觀」、「態度」與思想流程的綜合呈現。

有些人認為在「心態」上就想定你生死了，例如，他們說：這個人心態可議，其餘不足觀矣。他們又說：你這是什麼態度？沒聽過「態度決勝負」嗎？你還有救嗎？可別這麼快就想定輸贏，「態度」造成的誤會可大、可多呢。

品格之線要繼續往前行，到做出「行為」來，鮮明的行為更足以論斷了。或許，光是行為還是可能有誤會產生，但以行為為基，倒回去思考他的心態、價值觀乃至個性，這人是否心口如一、言行如一，就不容易混淆了。正所謂：察其言，觀其行，還「觀其眸子」，這人是性格鮮明了。

「品格之線」在經過「行為」點之後，還要繼續往上行，上行中已化為有意義、有目的性的「行動」。行動中也吸取各種軟、硬技能與知識，最後達成目標、交出成果，才成為卓有績效且品格優秀的領導人。

如果超有硬能力達標致果，卻缺乏品格，這人對個人、組織／企業，乃至社會的危害可能更大。美國沙漠風暴聯軍總指揮官、也是西點軍校畢業生的史瓦茲柯夫上將（H. Norman Schwarzkopf Jr.）說：「領導是有效地結合策略與品格，但如果必須捨棄其一，那就捨棄策略。」

如果這位領導人品格高尚，無可爭議，但缺乏執行力，最後關頭總是無法交出成果，那麼他不是一位優秀領導人，但至少也不會危害社會、組織或團隊。

有沒有人是天生壞胚子──天賦個性邪惡、價值觀負向、態度惡劣、行為總是脫序，行動總是出軌，常常危害社會？我們由危害處往前推，一定是在某些點線上出了問題，但不會出在天賦個性

上。心理學者諸多研究還是相信:「個性」都是中性與正向的,也無所謂孰優孰劣。

正向價值觀的探索、明確化,與行為化,是我們在中性天賦個性之後,另一次可以自導與導人進入更美好社會的良機。

著名的瑞士心理學家暨執業心理治療分析師榮格(Carl Gustav Jung),把人的個性分為八大類型——之後還成為目前企業界應用最廣 MBTI 個性分析的基礎。他還認為,一個完整的個性包含了意識與潛意識兩個部份:

● 意識:是自己能夠自覺並能自我控制的部份,這部份掌控了我們日常生活中的覺知,並能從中創造出各種觀念。
● 潛意識:堆積著意識所遺忘的,或與自己沒有直接關係的記憶與覺知;這些潛意識可以被驅使而形成意識,潛意識裡也可能存在著不同於平常個性的「其他個性」。

意識部份的「個性」,在拙著《賦能》一書中已有概括性的論述。榮格對潛意識部份的治療、分析與論述,無疑是最精彩的故事了。他進一步指出,潛意識裡又分淺與深兩部份,亦即:

● 個人潛意識:是由個人平生體驗與回憶所累積而成的,是屬於比較淺層的潛意識。
● 集體潛意識:是個人自出生時即擁有的全人類共通的心理要素,這個要素超越了個人體驗與記憶,卻有著全人類歷史、觀念、智慧的記憶,榮格認為是「有如人類第一代祖先的記憶,透過遺傳

因子而代代相傳」。集體潛意識不是由個人一生所孕育的，而是在每個人一出生時即已具備了的「全人類共通的記憶」。所以，古代人與現代人、東方人與西方人的心靈深處裡，都棲息著某種相同的要素，這個要素就是榮格所謂的集體潛意識。

有趣的是，全世界各地的神話故事裡，對於世界的誕生過程，以及各種神明間的關係確實有很多相似處，雖然當時的時空差距曾經是如此巨大。

所以，當我們每個人的內心深層處都有這種「與生俱來」的集體潛意識，雖然意味著可能有的「其他個性」，但也代表著全人類其實都是「真正的同胞」。想起來，自己以前開車遊歷過許多國家，深入各國荒郊野地、農村小鎮，常下車與當地民眾聊天，發現從沒遇過觀念完全不通的類外星人。我們還是有很多相似處，可以找到交集的價值觀——所以，在跨國團隊與跨國企業管理裡，並非如與外星人般難以相處或溝通。這個世界，有普世價值觀、主流價值觀存在的，努力一點，你一定可能找到共同的價值觀，然後由共同的價值觀延伸到共同的行為準則、共同的目標、共同的使命與願景。

人類，不管身居何處，在一脈相承的集體潛意識裡，總是可以找到相同共守的價值觀如，幸福快樂、合作協作、誠信正直、信任互信……等。真幸運，我們不必與價值觀完全不同的外星人相處。美籍日裔理論物理學界著名教授加來道雄（Michio Kaku）博士在他的暢銷書《The Future of The Mind》中推論，因為價值觀大不同，人類與外星人的首發接觸一定是惡戰相向的。

價值觀之為用，大矣。

確立並實踐自己的「核心價值觀」：實用的方法與步驟

> 你的價值觀是你領導力的靈魂；它們將形塑你的行為，並且影響你領導的方式。
>
> ——約翰・麥斯威爾（John C. Maxwell），美國領導學大師

　　這是一條崎嶇難行的路——如何認識、認清，建立、確立，堅守、堅持，update 與 upgrade 我們的價值觀；然後，在個人層級或組織／企業層級上勇敢地活出來、活下去，邁向一個更有意義、更美好的事業與人生？也令人遺憾的是，最近一次全球性調研結果顯示，在全球組織／企業中，約只有 10％有清晰、鮮明地訂出、寫下他們的核心價值觀；在全球已婚與未婚成年人中，有清楚定義個人價值觀的，則不足 10％。調研報告同時也指出，比率偏低的最大原因很顯然是，幫助人們認識、優先化選取並確立價值觀的可用、可靠資源太少了。

　　在國家／社會層級上的價值觀應用呢？是更糟更亂了，我們每天都在看各種有關價值與價值觀錯亂的演出，例如，檯面上許多大人物們大聲說話、告訴我們：

◆「民主能當飯吃嗎？」

◆「轉型正義能增加多少 GNP ？」

◆「可以賺錢就好，別管其他的！」

◆「錯誤的決策比貪汙更可怕！」

聽起來好像也有道理？真相是，我們錯亂了「價值」與「價值觀」，還為了價值而糟塌價值觀；更糟的是，大人物說的話，很多小人物視為至理名言、信以為真。

核心價值觀的核心（Core）至少有兩種意義，一是中心、是更重要的；另一是不變的、要長期堅守的。核心，就想起了桃子的核心──堅硬無比的桃核。中國古人還曾在桃核上鉅細靡遺地雕刻出蘇東坡等三人乘舟遊赤壁的故事，這是小學時唸的「核舟記」。

也想起了十幾年前，中國聯想電腦公司蛇吞象似地併購了規模更大的 IBM 電腦部門，併購後的整合過程中，最大的挑戰正是東西文化的衝突與磨合。在企業文化整合過程中，他們赫然發現，東西文化果然大不同，說：中國人像椰子，美國人像桃子。

美國人在外表上看起來很好相處，大家謙恭有禮，相互尊重，相敬如賓，泛泛之交有時也像是好朋友，深入交往時，立可發現他們心內是尊重原則、理念，堅守某些價值觀，很難退讓或妥協的，似乎是又臭又硬地不通人情。中國人則不然，外表上冷冰冰硬梆梆，欲迎還拒，非親非故不熟時很難親近的，但一旦相熟或互信後，則登門入室，內心溫暖柔軟無比，似乎是什麼都好談。

所以，聯想人說，IBM 人像桃子，外表柔軟、內心堅硬。聯想人像椰子，但卸下堅硬的外表，展現柔軟的內心，還是很難真正溝通──這是初期，後來椰子與桃子還是成功整合了。其實，IBM人除了所謂的西方人一般價值觀外，還有更重要的 IBM 企業核心

價值觀在影響著。

難免又想到：台灣人或台灣企業，是偏向桃子或椰子？應是多偏向椰子？但，因台灣人原具有的善良本性，也使得外殼沒那麼硬──當裡外都不硬時，會更好或更難溝通或相處？

溝通的高點總是共同的目標（如，願景）、共同的目的（如，使命），別忘了還有內在的共同理念原則（是價值觀引發的）。所以，確立各自的價值觀，然後找到共享的價值觀（shared values）是溝通成功要件之一。沒有原則、沒有立場，八面玲瓏，見人說人話、見鬼說鬼話；少了植基於價值觀的信任與互信，像狐群狗黨，各懷鬼胎，雖是一拍即合，卻更難長處成功。

如何確立個人核心價值觀？本節要分享三種方法，分述如下：

（一）圖示法：來龍去脈與邏輯，清楚入圖。
（二）矽谷法：簡單易行，矽谷人的新作法。
（三）GE 法：經典而常用，六步驟即完成。

確立個人核心價值觀（一）：邏輯清楚的圖示法

圖7-3 核心價值觀與營運價值觀的形成

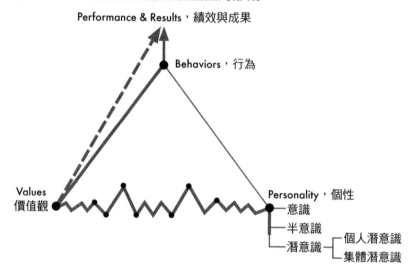

　　從個性到價值觀的一路上，我們發現並不是一路平順；從家庭到學校、從學校到職場、到社會，在生活上、在工作上，一路走來起伏跌宕、風波不斷，成敗得失之間也看盡人事的興衰凌替，有時若有所得、有時悵然若失——還有，迷惑與迷失。

　　所以，找個時間，找個地點，靜一靜，檢視一下你的人生。亞里士多德說：「一個未經檢視的人生，不值得活下去。」過去幾年來或幾十年來，人生起伏的高點、低點在甚麼時候？我是怎麼度過的？我秉持著或放棄了什麼？發現或展現了什麼個性或特質？變了什麼？不變什麼？有什麼樣的關鍵學習（key learning），足以導向未來更成功的人生？依時間順序如圖畫出來。把思考寫下來。

這個安靜而安全的地方 —— 如山裡，倒不必像達摩的山洞；又如圖書館裡，三、四小時都不會有人打擾的那種。把幾十個先上網查到、在東西文化中常涉及的價值觀先印出來，有提示性幫助；也許，行前先做個類似 MBTI 的個性分析，讓自己對個性有進一步的認識。或先看一遍另一系統的個性分析法，如湯姆‧雷斯（Tom Rath）暢銷全美的《StrengthsFinder 2.0》，然後在山中或館中三、五個小時裡，就能讓你先理出一些敘述性的原則，再從其中理出數個到十個相應的價值觀 —— 讓它有力量，別超過三、五個字 —— 然後從這約十個價值觀中依個人重要性排名，讓最前三至五名成為個人的「核心價值觀」。當你在評比時，向前往個人願景看，同時也回首前塵的學習與通常不變的個性。

我們在前文談過，個性中含有意識與潛意識兩部份。榮格又把潛意識分成個人潛意識與集體潛意識，也有其他心理學家在意識與潛意識之間又分別出一片「半意識」區，稱這區是經驗與理念將忘未忘區，宛如海岸線上的岩石或露或隱，如果你不勤加整理，那麼它終將沈沒入潛意識區，重新取出就難了。

許多人的價值觀像是在「半意識」區裡 —— 要讓它們回到意識如巨岩聳立，或中流砥柱，別讓它們沒入海中或隨波逐流。全球成年人中約有 90% 人讓他們的價值觀若隱若現，或隨波逐流，或深潛進入無意識流之中；請你加入那 10% 人，成為卓越人士。

你整理出來的這三、五個個人核心價值觀，勢將陪著你走入更有意義、更美好的未來人生。

這種價值觀的建立法，我們又稱為由內而外法（Inside Out）；所以，另一邊就是由外而內法（Outside In）了。其中意義是，我

們在這探索的過程中也不應自外於當前的環境。讓我們回到圖7-3，我們現在是在三角形左下角的「價值觀」節點上，已經依據自己的天賦個性與過去經驗整理出了價值觀。這些價值觀將化為原則、心態、行為，與品格走入未來，在多變而不確定的 VUCA 世界，不為所動般以不變應萬變。

然而，我們未來仍有大圖，針對未來的目標與目的，我們仍有在行為上自勉自勵的地方，有一些要強上加強，或要弱處補強的地方。這些為人處事的新原則，仍應回到價值觀的自我經營上，這種價值觀會與我未來的發展與成長而有些改變——在企管名詞上，我們稱之為營運價值觀（operational values）。在自我管理上，我們應否加入這種價值觀？

應該。針對未來目標與目的，以及環境需求，我們需要設定一些營運價值觀，例如敏捷、速度、幽默……這些營運價值觀需與核心價值觀有其一致性，不宜有相抵觸、相違背的衝突而在躬身實踐上造成困擾。

列為價值觀後成為個人行為準則，有時默默堅守，有時大聲說出、高調作出——大膽說出、作出時，你常會發現，別人也是，而有了共鳴；畢竟，我們同屬「人類」，是「同胞」。記得榮格的「集體潛意識」論述？故，讓他人發出「我也是」、「我尊重」的機率很大的。個人價值觀對內形成個人文化，對外形成個人風格，乃至個人品牌。

準此而論，桃子與桃子當是比較好溝通的，他們謙虛溫暖的外在幫助表明硬硬堅守的內在，內在總會找到共享的價值觀。桃子與椰子次之，而椰子與椰子更次之，內外都軟趴趴，沒原則、沒立

場、沒價值觀，最難溝通或合作了，他們只會在短期上、表面上相互利用。

領導人，期待你確立個人價值觀，形成個人品牌 —— 是心口如一、言行一致而形成的品牌。

確立個人核心價值觀（二）：簡單有效的矽谷法

這個方法是我們學自矽谷領英（LinkedIn）公司，經消化、吸收、重整後，曾經應用在北京、台北與新加坡我們開辦的領導力研討會中，收效甚佳，介紹五步驟如下：

1. 找出你至今最景仰的三個人物；可以在商界、政界、學界，各行各業，乃至家族長輩。名額有限，只限三位，暫時不用深思為何最景仰他們，寫下他們的名字。（這招是避免你主觀直指「價值觀」，也避開自以為的別人「期待」）

2. 評論這三位人物各自具有的三個最重要人格特質／價值觀。此時，認真做價值觀／特質思考；上一步只想到、看到他們的言行、行誼乃至績效的綜合呈現，這一步是深一層分析。但，每一人只寫三個，別寫太多；必要時也請參考從網路下載的那幾十／幾百個「人類價值觀」表。

3. 從這 3×3 ＝ 9 項所列出的價值觀中，依據你自己的認定，排出重要次序；可以兩兩捉對比評，最後定出排序 —— 個人價值觀都有其人生重要度排序的。

4. 看好你的前三項選擇，它們很可能是你隱而未察、或彰顯無比的三項個人核心價值觀。

5. 與你當前工作的組織／企業做比較；有連結嗎？具一致性嗎？你是志同道合的企業文化相合者嗎？或，是南轅北轍地相互抵觸？如為後者，連彼得‧杜拉克都會勸你自做調適，否則請你離職了──當然，要先確定這個組織／企業的核心價值觀確實是玩真的，不是口號用的；大部份華人組織／企業所宣稱的核心價值觀，都只是口號用，或申請 ISO、拚上市時用的，不是真的。

　　我們在這些領導力研討會中，總會給高管學員們一個晚上的時間作業，然後隔天早上報告，激起了許多熱情迴響。你也自己試試看吧？找出後、確立後，先講給家人聽，再講給朋友聽、給部屬聽、給老闆聽，也給客戶等的重要利害關係人聽。他們是督促與鼓勵的力量，也讓你的領導方式更公開透明，讓領導力更強；所以，不可以只是暗記在日記上。

　　我自己也曾認真分析過，找出我最景仰的兩位政界人物與一位企業界人物，理出這三個人特質／價值觀，在這十個價值觀中捉對比評，最後定出排序最高前三個，很是自我認同；因為我是公司老闆，所以也印在名片上。很神奇，在許多課程中，許多學員們對我脫口而出的評語也總是不離這三項。看來，這個矽谷法還管用，而且「活出你的價值觀」似乎並不難，還可相得益彰。此外，我也自力確立了另一個營運價值觀，更彰顯風格。

小結：做你最好的自己

　　個人價值觀的起源之一是天賦個性──個性中的集體潛意識部份，讓你不可能具有「外星人」或動物植物的個性，還讓你可能

與地球另端、素昧平生的人有相似理念。天賦個性經過家庭、學校教育、職場修練、社會陶冶與自己造化，而有了最重要的自我組成部份，另一部份可能源自現在或未來，依動機、需求、清醒與訴求，而自勉、自強組成的。

不論是自我組成或自勉再組成，它們總是屬「半意識」狀態，可能越擦越亮、發光發熱，也可能隱晦不明，又埋入潛意識中，無意識地過了一生。

讓別人知道並尊重你的價值觀。當然，首先，你得先認清、確立並尊重你自己的價值觀。

你的個人價值觀還必須與公司價值觀連線，如果你是高階主管，那麼這塊連線交集的區域要很大的，圖形如第六章中所示。

如果你只是一般員工，那麼或許交集區的要求就沒那麼嚴峻了。台灣企業領導人因為不重視個人價值觀與企業價值觀，就不得見這些訴求，喜歡挖角一些技術或技能高超、卻志不同道不合的高手，造成企業在長期經營上諸多困擾。

對於個人的核心價值觀、使命、願景，是個人可以盡情掌握並發揮的，重視它們並活出它們 —— 這正是「做你自己、做你最好的自己」的具體實現。其實，不管你現在年紀，還是要「讓你的餘生成為最好的一生」 —— 英文是這樣說的：

Make the rest of your life the best of your life!

現在，請蓋上書本，開始作業。或，訂一個週末，認真嚴肅做做看。又或，好好做個好準備，找個深山，花個三、五小時，依

圖示法回味成敗人生，誠實想個透徹，悟出自己的核心價值觀。又或，試試下述傑克・韋爾許時代的「GE 法」。

確立個人核心價值觀（三）：單刀直入的 GE 法

GE 法有下述六步驟，用以選定價值觀，不簡不繁，單刀直入，確有其實用性，也請你找個三、五小時的寧靜時間，為自己的價值觀努力一番吧。

1. 在常見的幾十種價值觀中，選擇自認為對自己重要的，選擇方法如：

    ◆ 哪幾個是你不願拿來做交換的？或被替代的？

    哪幾個是你一生要信守的？哪些會是過渡期的？

    ◆ 在不斷相互秤重評比後，選出最重要的五個。再相互秤重評比後，依個人重要次序，選出最高的三個。

2. 說明這三個價值觀為什麼重要？寫下來它們的重要性。如果在意義上覺得模稜兩可，那麼，用兩、三句話清楚定義它們。

3. 舉出在工作或生活上實例，你曾經根據這三個價值觀（單獨地，或合體地）做出哪些決斷與取捨 ——「決斷與取捨」是指，在數個方案中，決定只要一個而必須捨去其他的；或，因此而採取了哪些重要行動？因此而受苦受難也在所不惜嗎？

4. 反省並評價這些決定或行動，有何經驗與教訓？「自反而縮，雖千萬人吾往矣。」勇往直前，再接再厲，還無怨無悔？已享殊榮，不亢不卑？問心真是無愧，堅定面對未來？有時不免想到「值得嗎？」如何自勵？因此而有大成功？

5. 除了工作外，這些價值觀如何反應在你日常的生活方式上？因此而造成行為上或行動上的改正或強化？如何看出別人對你的看法？不要在日常生活上又活出另一套。

6. 有新的價值觀嗎？如在營運價值觀或工具價值觀方面的？

　　選出價值觀後，是要在行為上、行動上、決策上「活出」價值觀的。看下圖：

圖 7-4　價值觀與成果的相互強化

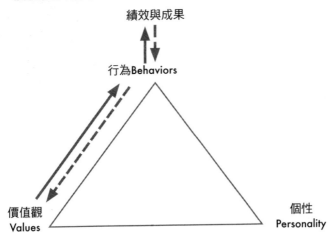

　　價值觀會化成行為準則 —— 有些是明說、明寫的，有些是沒寫明，但一直在暗中運作著，明眼人仍然可一眼看出蛛絲相連的一致性。價值觀可以用於防止或矯正負向行為，但更重要的是導向並發揚正向行為，這些正向行為對於達成大小、長短目標的績效與成果會有具體貢獻的，這些對績效成果的貢獻又會回頭產生正向循

環，亦即，會回頭強化正向行為；正向行為又會回頭強化你對價值觀的堅持。

　　這種價值觀及其衍生行為、行動與績效成果所造成的正向循環已獲得現代許多心理學家的強力支持，也讓我們更加重視價值觀的建立與實踐了。

哈佛大學曾對畢業生做過如下調查：

　　27%：沒有目標
　　60%：目標模糊
　　10%：目標清晰，但屬較短期
　　3%：目標清晰而長遠

二十五年後，那3%的畢業生幾乎都成為社會各界的精英。

第 8 章
台灣經理人應珍視的「價值觀」

圖 8-1　價值觀領導力

在中文世界裡，四個字的成語特別多，唸起來也特別順而有力，可能是因此之故，五個字有完整意義的「核心價值觀」總是被硬砍成「核心價值」，各界人士日日、處處，喃喃上口；連帶地把「價值觀」也想成「價值」，很自然地又會聯想到：價多少？值多少？當值多少？值不值得？「價值觀」是必守的信念和原則，卻與「價值」的金錢當值混在一處，迷茫一片。這在政界尤其明顯，價值觀在一片計算、算計、權謀、妥協、交易的價值評量中斷喪殆盡，沒有價值觀的政治正確與政治操作凌駕了一切，許多台灣人視為理所當然，還誤以為舉世皆然。

在企業界呢？影響少些也不小，企業人士用價值取代價值觀，原也是因價值包含了價值觀的字源原意，但請注意的是，價值觀成組出現時，在國際英文世界裡是絕不會用 Value 來取代或包含 Values 的；此時 Value 與 Values 涇渭分明，已成常例，近乎鐵律。企業人士參與國際會議，務必看分明兩個不同領域。

台灣企業界有識之士，其實也早就區分了價值觀（Values）與價值（Value），但真實用語隨後又被媒體混在一起，著實可惜。

在台語世界裡，似乎只有「價值」，沒有「價值觀」的用語；雖然，在台灣史上，有著不少台灣人誓死守護他們的價值觀，有不少可歌可泣的故事。我要在此呼籲的是，建立台語新語：價一值一觀，想清楚、說明白；大聲說出來。台語「價值觀」中，「觀」的發音正如「觀念」的「觀」，也與國語的「觀」同音同調，故好唸好記，三個字合在一起發音更是鏗鏘有力！不信，闔起書，唸它一遍台語：價一值一觀。多唸幾遍，開始擁有它 —— 在口頭上、心理上、行動上。「價值觀」對人生與事業太重要了，絕對值得你多加一個字，認真表述清楚！

為了加速而有效地與他人溝通、表明、決志，在論及為人處世乃至人生守則時，問他：

你ㄟ價 —— 值 —— 觀，是啥米？

否則，與「價值」扯不清而生誤會時，人會掏出計算機，計算他自己的「價值」 —— 月薪、年薪、動產、不動產、投資、債務等等，加加減減，每個人都可算出不同「價值」，可以比出高下。

每個人也都有「價值觀」，可惜隱晦不明，沒能重視，也沒特別活出來，讓人看見原則、看見骨氣。有時，看見的雖只是低「價值」，卻有高貴「價值觀」；這人是無價的，這個人也是神、上帝的寶貝。

我小時候養過豬，豬的「價值」更好算了，因為有公訂的單位「價格」；但，豬肯定沒有「價值觀」。

再問一遍：「你ㄟ價──值──觀，是啥米？」

台灣人，不管有錢沒錢，今後請你勇敢地、驕傲地大聲講出來。你還很可能會因此發現許多志同「道」合的人。

台灣人應該更珍惜哪些價值觀？我們在此拋磚引玉，提出一些經驗與大家分享。後續先要分享的有五種價值觀，可能用在個人、團隊，或組織 / 企業層級上。

8-1 安全與保安（safety and security）

在台灣，你常看電視新聞嗎？常是滿眼災難，最多的是車禍，從個人工具到公共工具，從南到北撞得滿天飛，每天無數件、永遠報不完似的。次多的災難是火災，也是從南到北，從民房到公共建築、工廠，火燒速度更大時，就成了爆炸，也是永遠報不完似的。夾雜的是，其他災難或國外各種災難。

這樣沒有「安全與保安」（safety & security）的工作／生活環境，有可能走向一個進步社會嗎？不會，永遠不會，不管國民所得提升到多少。

如果，我們把安全列為核心價值觀，個人從個人意識到行為、到行動做出改善，安全也會成為一個決策標準；到後來，人們不管走路或開車都會自問：走這裡，這樣走，安全嗎？車這樣開安全嗎？我不會撞人，也要防止被撞，我需要學學防禦性駕駛嗎？還推己及人，積極參與、要求生活與工作環境中的安全改善，安全真是第一啊。團體／組織／企業／國家也認同安全／保安的價值觀，主動推動各種安全意識、安全活動、安全措施，有一天說不定讓人讚嘆：「這地方怎麼這麼令人放心啊！」

目前在台灣，誰負責你的安全？當然是別人。台灣人常這麼想：

❋ 你撞看看，你會賠很慘的。

❋ 一定有人要賠的，還有國賠；政府在幹什麼？

❋ 賭一下，運氣不會那麼背吧。

❋ 沒拜拜嗎？神明會保佑的。

❋ 能省則省，能快就快，那種事情不一定會發生，一成都不到。

❋ 越燒越旺，舊的不去，新的不來……等等。

　　台灣人賭性堅強，疏忽成性，於是災難自創、他創與互創都有，綿綿不斷。

　　要改善，首先是個人的安全意識。你去過美國大峽谷國家公園嗎？萬丈深淵的峽谷岩壁旁，毫無護欄，也沒警衛，但沒人掉下去過。換成在台灣，即便高高護欄，全副警力戒備，三不五時還是有人會掉下去的。

　　在美國工作時，記得有一次在一家大工廠的大門後旁邊看到一條大大的橫幅，寫著：「如果你覺得不安全，請不要操作。」當然，工廠不會為難你、開除你，還會教育你、鼓勵你提問並解題。這家公司的工廠工安紀錄是全美最好的。

　　分享一個我在演講中常講的故事：如果你在公共場所，在一個和緩的樓梯上，看到一個人雙手插在褲袋裡，神態瀟灑、風度無比似地走下來，我跟你保證，那個人不會是杜邦人──現職的、退休的都不會是。因為，杜邦百年來全球通用的安全核心價值觀，已讓全球杜邦人隨時隨地注意安全──安全是每個人自己要謹守的責任，而雙手插在褲袋裡下樓梯是不安全的作為，因為會讓人來不及應變。

　　大約一、兩年前，台灣一家大企業的 CEO 正大展鴻圖中，卻在晚宴後下樓梯時邊看手機而摔跤過世。是誰該負安全責任？五星級大酒店的管理？樓梯設計與建設公司？國家安全法規？消防審查？晚宴主人？種種因素，哪個最關鍵？聰明如你，想想再說。

　　組織 / 企業當然有很大的責任要保障員工工作的安全。在我們看來，絕大多數的台灣工廠 / 公司，都應該把安全列為公司的核心價值觀，把「安全第一」的假口號從各處牆上拿下來，放進每位員工的心裡、心理；讓安全成為績效考核因素之一，讓員工知道會因不守安全規則而被撤職的。

　　安全列為企業價值觀後，企業自然會開始做價值觀要求成為企業文化時要做的各種事。例如，提升員工安全意識、貫徹安全守則、推動安全政策、獎勵安全措施、災害預警、訂定安全標準與各種年度大小目標，並剋期完成……然後，多年有成，你會發現：效率提升、效能提升、士氣提升、聲譽提升；傷害下降、保費下降、成本下降，還有，廠長被火災判刑的機率也在下降。

　　「價值觀」好像又被用來當成手段之一，以創造「價值」了——有錢了，也該投資各種安全保安措施。其實，安全與各種保安措施，乃至在工作上與生活上的「心安」因素，正是馬斯洛人類五大需求之一，排的次序還是在低低的第二，是人類在吃飽睡飽、身體健康能存活後的次一個需求。進步台灣連低低第二人類需求，卻還難以滿足？奮起吧，個人與領導人！

　　各位員工們，你與家人以公司為榮嗎？因為公司的安全紀錄全台第一！

　　各位領導人，只有你能真把安全與保安列入組織 / 企業的核心

價值觀裡，依本書論及的各種價值觀方法推動與實踐，數年後才可能建立安全文化與效果。

由個人做起，也可以影響到全體團體，只是更辛苦些。

重讀第 3 章中，美國鋁業公司新任執行長救亡國存起手式的真實故事？

8-2 同情心與同理心 （sympathy and empathy）

約兩年前，我曾在一本週刊雜誌上漫讀過一篇旅遊文章，寫的是一位日本遊客的在台見聞。他在一個忙亂的大街上看到一樁車禍，一部轎車撞倒了一台機車，機車騎士倒在路上，機車上的東西散落一地；轎車停了一下，遲疑一陣又落跑了。底下是這位日本遊客看到的隨後場景：

◆ 有路人幫忙淨空，擋住來車；有路人幫忙撿拾散落的東西；有路人幫忙扶起騎士。

◆ 有路人打手機報警，不久後警車來到。

◆ 有部車從旁追過，在前面不遠處攔下了肇事車。

短文結論說，台灣人真是愛管閒事，不知是基於關心或道義，或只是一顆簡單善良的心，「雞婆」無比，令他感動。

我曾經為文倡導要發揚光大台灣人的「雞婆」精神，因此曾考據出「雞婆」的起源是閩南語裡同音的「家婆」，而家婆就是管家婆——是一群管家裡比較大的那位婆。這位「管家婆」為了把家確實管好，多做了好多事——原本不是她應該做的事，但只是為了把家管更好，就做了。我把這種精神進一步闡述為歐美文化中常觸及的幾個「當責」概念，如：

❋ One more ounce，多加一盎斯。一盎斯只是一點點，但多奉獻出的這一點點，可能讓工作成果大不同，因為這一盎司可能進入了原來沒人管的灰色地帶。

❋ One more mile，多走一哩路。這多走的一哩路可能正是成功之鑰，因它超越了原來的期待。激勵專家還說：在這多出的一哩路裡，因為人稀，還不會有交通雍塞的。這 one more mile 有時也被稱為 go extra mile。

我以前在新加坡做生意時，發現雞婆在新加坡是有英文的，叫kay-poh，他們有次居然說我：You are so kay-poh！（你太雞婆了！）

我覺得台灣人的雞婆精神，就是洋人 one more ounce 的精神，我們應該要發揚光大。有同感的，又有如嚴長壽先生，他曾說過，他是一個無可救藥的雞婆者；小說家小野也說，台灣需要更多的雞婆者。

這種成事的心、善良的心，開展出去也是英文裡常稱的三種價值觀：sympathy、empathy 與 compassion。三者中的後兩者，已成為越來越多國際著名企業明訂的價值觀了。

Sympathy，中文譯為「同情心」，是指為他人的不幸而感到遺憾或悲傷的一種感情。

Empathy，中文譯為「同理心」，是指一種對他人的狀況或情感，覺得感同身受、深有同感的能力；可能是因自身也有類似經驗，或因仔細傾聽而深受感動。

Compassion 的中文譯名多些爭議，以前多用在宗教界，故譯成「慈悲心」或「憐憫心」。但 compassion 的本意為 "love in action"

，是行動派的，是把感動化為行動，看到了一個更大的目標或目的，而願意出手幫助他人了。這種心甚至擴及其他生物，西方世界尤然，因為聖經記載，「其他生物」是比人類更早創造出來的，所以在西方文明裡，人類的愛常延伸至其他動物。

所以，同情心是一種情感、一個特質；同理心已非特質，而是一種能力了。慈悲心則是一種行動，它是同情心＋幫助，或者，同理心＋幫助了。

以中文文化來思考時，釋出同情心是基於人同此心，心同此理，故能知道他人的情緒困境，因而提供安撫或鼓勵。如，醫生習於感到遺憾地安慰病人及家屬。

同理心則更前進了一步，是用對方的眼、穿上對方的鞋，體會對方的感受，是一種人溺己溺、人飢己飢的心態。常是因具有相似的經驗，所以能感同身受或設身處地地感受與思考；沒相似經驗的，因全神聆聽、設身處地，也有相同效果。

同情心、同理心、慈悲心，做為價值觀，用於一般社會中乃至公益團體裡，促進和諧與了解應是很好的事，但用在競爭無比的企業裡，仍是可行嗎？是的。雖然，同理心很少受到讚揚，更少獲獎，有些企業人甚至覺得同理心太軟、太柔了，不適用於殘酷競爭的商業世界，例如：

● 許多忙壞了的老闆們總認為工作是要多用腦，不是用「心」；用太多心會於心不忍，很難硬起來管員工？成吉思汗有多少同理心？
● 華人在情、理、法中，已經太濫情，連理都盲了。企業管理的重

點應在紀律與法治，兌老闆容易創造好成績？

❋同理心本身太個人化、太情感化，不應是管理議題；管理要講究
邏輯，少些情緒。管理大小師們講授的都是環環相扣的大道理。

❋同理心過度應用時，會造成情感疲乏，陷溺其中難以自拔。耗竭
心神外，有時也有害於道德判斷，如不願揭弊，甚至損及績效？

但事實上是，在比商場競爭更為激烈、更為嚴酷的戰場上，也
在大量運作同理心。美國海軍陸戰隊中將福林（George J. Flynn）
曾有感而發，說過：

> 當你跟海軍陸戰隊一起用餐時，留意一些你會發現，最後用餐
> 的是最資深的軍官……偉大的領導人會真心關懷部屬。

西奈克（Simon Sinek）在他的暢銷書《最後吃，才是真領導》
（Leaders Eat Last）中，描述一個二十二人的美軍特勤小組在危險無
比的阿富汗山區出任務，機長強尼有感而發地說：「儘管特勤小組
手中握有許多高科技產品，同理心才是他們工作時唯一擁有的重要
資產。」

是同理心，讓同仁願意犧牲奉獻；是同理心，讓團隊緊緊連結
在一起。

同理心在企業管理上的應用，自 1980 年代起已有了重大改
變──從不需要有，到最好有，再到必須有。我們現在已進入了
「必備」同理心的時代了，或者說，同理心已成為現代領導中必備
的祕密武器，因為：

- 團隊作業盛行：而團隊正是情緒發酵的大熔爐，是各方意見衝擊的大本營。

- 全球化盛行：跨文化溝通總是誤失重重，同理心適足以幫助了解人們的肢體語言與內心世界，化解許多矛盾。

- 人才難留：帶人帶心，尤其是優秀人才的心。古人早說：士為知己者死。人才也因群聚而更鼎盛。

- 敬業度低落：低落的最根本原因是，公司領導人乃至直屬主管的無能；「心事誰人知」＋「前途未卜」＋「工作無啥意義」，就走人了。

- 在機器與機器人越來越多的未來世代裡呢？矽谷甲骨文的資深高管貝爾（M. Bear）說：同理心是二十一世紀的關鍵技能 —— 不是用來與機器人溝通的，而是與越來越少、越關鍵的工作夥伴們溝通與工作的。

　　同理心越來越重要的另一個重要原因是，未來工作市場主力的千禧世代後裡，自戀者越來越多，有同理心者越來越少；據研究，比起上一代的 X 世代者又低了約 40%。

　　知名心理學醫師與企管教練顧斯東（Mark Goulston）博士說：

　　設身處地為他人多些設想後，你心中的憤怒指數會從 8 或 9 下降到 3 或 4。因為，你無法在與他感同身受的同時又恨他。同理心，會讓你越來越有能力影響他人。

　　此外，同理心也是領導人提升 EQ 的重要技能之一。

2014 年 2 月，微軟公司換了一位新 CEO，印度裔的納德拉（Satya Nadella）。當時華爾街的工商界與矽谷的科技界都不看好，咸認微軟業已式微，已成過氣大老，中興難以指望。想不到，納德拉成了微軟的「中興之主」。四年後的微軟的市值飆升了五千億美元，到 2021 年 5 月的現在，微軟的市值達 1.9 兆美元，比七年前高出 1.5 兆多美元。納德拉在他 2017 年發表的著作《刷新未來》（Hit Refresh）中倡言：同理心，重要無比；幫助微軟人發揮了更大的創新。他並倡言，未來世代必須優先重視並育養的四大要素是：

● Empathy（同理心）
● Education（教育）
● Creativity（創意）
● Judgement and Accountability（判斷力與當責）

同理心幫助新微軟人無比增強了他們的創意與創新。

同理心的進一階是慈悲心，是將同理心的感受化為行動，伸出了援手。但慈悲心有個很重要的原則是，在全面性了解他人難題後，還是要刻意地保持一個適當的距離，以免自己沈浸其中也無法自拔，隨之心力交瘁，以致無法伸手在關鍵處相助，或成了楚囚對泣，無法從過度同理心中走出來。

所以，慈悲心是瞭然實況但不沈浸其中，適時適度，出手援助。它也不像同情心般，大多只留在表層的詞意表達上。

走筆至此，忍不住想跟讀者們做個譯詞辨正。

有次與許士軍老師討論時，許老師說：「其實，sympathy 應譯

成同理心，empathy 才應譯為同情心。」我大喜過望，許老師一句話打中了我心裡多年來的糾結。或許 sympathy 出現較早，先佔去了「同情心」這個簡便中文；empathy 是晚近才流行的，只好另創了「同理心」。其實，empathy 是講了更多的「情」的。

至於更晚的 compassion，宗教界樂用，譯成了濃濃宗教風的慈悲心或憐憫心，其真義是在有了深深感情感動之後的伸手相助。我認為，compassion 的最簡潔中譯詞應是「同情力」——亦即，在以「理」（sympathy）相通後，進而以「情」（empathy）相繫，最後則化成以「力」（compassion）相助了。

我們的呼籲是，台灣人請讓你良善的本心再向前多走一哩，在國際主流價值觀裡發揚光大，從 sympathy（同理可推，推己及人），到 empathy（人溺己溺，人飢己飢；同鞋思考，同船相理），到 compassion（在可幫助處、關鍵處，伸出援手）。後兩者已成國際重要的個人或組織 / 企業價值觀。

別學狼與虎，也別學成吉斯汗與雍正了。

8-3

當責與賦權
（accountability and empowerment）

　　美國管理學會（AMA）曾對會內兩千多家大中小企業進行過價值觀調查研究，結果發現，Accountability（當責）是第三多企業應用為企業價值觀的，僅次於第一多的客戶滿意與第二多的誠信正直。

　　當責，在美國不只企業界廣用，政府機構也廣用，如：國務院、聯邦調查局（FBI）、賓州警察局、德州聖安東尼奧市政府、紐澤西州政府、海巡隊、美國醫院學會（AHA）……不勝枚舉，更遠傳世界各國：如歐洲、非洲、澳洲、及阿拉伯世界的企業與政府機構。最近幾年來，也在亞洲許多國家深獲重視，成為企業與組織機構的核心價值觀。

　　台灣企業如何應用當責？ 從應用 ARCI（阿喜法則）工具的一個故事說起。台灣有一家大型半導體企業的外籍顧問發現，他們工作現場的跨部門專案團隊的角色與責任不清，造成許多協作上的問題，於是招集所有成員介紹 ARCI（舊稱 RACI）這種工具──四種角色（A、R、C、I），四種責任，別再亂了。本以為大功告成，不料東方人的文化不熟 A（Accountable）的真正意義，而與很熟悉的R（Responsible）還是很難分清；西方顧問也不知實情，於是好工具淪為紙上作業，無法發揮應有功能。

ARCI（阿喜法則）的角色與責任定義如下表所示，通用於國際企業中。

圖 8-1　角色與責任圖解：ARCI定義

A :	**Accountable** **當責者**	負起最終責任者；"The Buck Stops Here" 是經理人，有說是/否的權力（authority）與否決權（veto power）；每一個活動只能有一個"A"
R :	**Responsible** **負責者**	實際完成任務者；"The Doer" 是專業人（Specialist），是執行者（Doer）；負責行動與執行，可有多人分工，其程度由"A"決定。
C :	**Consulted** **事先諮詢者**	A在"最終決定"或"行動"前必須諮詢者；"Prior to making a decision" 可能是上司或外人；為雙向溝通之模式，需提供"A"充要資訊與資源。
I :	**Informed** **事後告知者**	A在"決策"之後或"行動"完成後必須告知者；"After a decision is made" 是有關人員，在各層級，各部門；為單向溝通之模式，是執行的一部分。

角色與責任圖解ARCI團隊運作

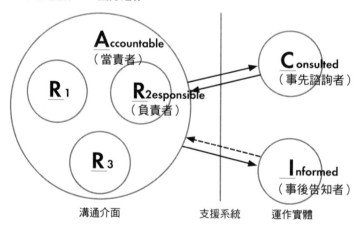

其中的 A（Accountable，當責者）的角色吃重，任重而道遠，是要為最後成敗負全責的，正是這個跨部門團隊的經理人，或一個廠的廠長，或一個事業部的總經理，或一家企業的執行長。R（Responsible，負責者）是分頭執行各種工作的執行者。C 常是 A 的老闆、或資助者、或顧問。我們為了讓角色與責任的範圍與定位更清楚，首創發展出如上戲稱為「豬頭加兩耳」的示意圖，簡單明白，深得企業界朋友喜愛與應用。

問題又來了，Accountable 或 Accountability 偏向西方文化，東方人很難了解真義。例如：我是 A，我應該為豬頭內所有白色地帶（white space，或稱灰色地帶）負責嗎？

於是，我寫了一本四百頁的《當責》，說明 Accountability 這個字，也花了約一年時間苦思後定名譯為「當責」——意思是「當仁不讓，責無旁貸」，也勉勵企業人作成「當家的責任」——做個大當家、小當家，或小小當家，交出最後成果；而不僅僅是大螺絲釘、或小螺絲釘，只完成該做的工作。從觀念、思想、原則、理念、行為、行動上負起全責，交出成果；提升自己的貢獻度與領導力。

很高興，十年來《當責》成了長銷書，企業界普遍接受了這種「為最後成果負起全責」的理念與應用，也提升了經理人的規劃力、執行力、溝通力與領導力。

我們認為：如果你對「當責」沒有刻骨銘心的認識與感受，你很難當好 ARCI 中 A 的角色……與 C 與 R 的角色。矽谷著名顧問與高管教練藍祥尼（Patrick Lencioni）更且說：

沒有當責，成果只是運氣。

　　「當責」不只用於 ARCI 成為團隊管理工具，也用為「價值觀」發展成為企業的當責文化。也希望更多台灣企業也把當責列入核心價值觀，接軌國際優秀企業，建立更好的共同語言與溝通平台。

　　所以，我曾仿柯林斯的名言「Good 是 Great 之敵」，而為文提倡「負責是當責之敵」，請大家別停在「次好」上就不動了。

　　聽過「分層負責，充分授權」嗎？在台灣，這句話已在政府與企業等組織裡叫了至少五十年。五十年後的今天，我們負責上，還是無法分層，授權上也是無法充分。我們發現最重要原因是，因為我們的負責無法提升到當責，於是乎：「你不願也無法負起全責，我的授權怎麼可能充分呢？」東方人在接受當責文化的當時，應是很掙扎的。

　　A＋R 團隊有了一位充分了解當責，也願意負起當責的大當家，才能做到「分層當責」。分層「當責」後，老闆（即 C）就更敢於授出更多權給 A，當授權（delegation）很充分有用時，就是賦權（empowerment），於是 C 敢於賦權給 A，A 敢於賦權給眾 R 們，而 A、R、C 們也各都能賦權自己！

　　所以，未來有效率、有效能的團隊，必然是能做到「分層當責，充分賦權」，不再只是「分層負責，充分授權」了。

　　賦權的「權」，不單單是指在該職位或職務上應有的「權限」（authority），還應包含進一步的權力（power）——例如，影響力、激勵、腦力。可給的盡量給，給不成的就鼓勵培養成。此外，還有一大部分是心理激勵的部分，為了方便記憶與應用，我們在充分賦權上提出了 ARIA（阿利亞）與 MICS（蜜可思）兩法則以供參考應用。

　　ARIA 是指要至少賦權如下：

A ：Authority，是該有的權限或權柄。

R ：Resources，是資源，C 別忘了給，A 別忘了規劃、也別忘了爭取。

I ：Information，是資訊，別因機密未給，影響 A 的決策力。

A ：Accountability，是當責；沒有當責，也很難建立互信。

　　上述這些 ARIA 只是比較偏向外在的、硬體的；幫助 A 成功，C 你還有什麼創意嗎？在心理激勵方面，例如 MICS（蜜可思）：

M ：Meaning，意義；說明清楚這項工作的意義。

I ：Impacts，影響；這工作會在那裡造成影響？

C ：Competencies：能耐；A 與 R 有否有足夠技術與執行能力。

S ：Self-determination：自決；考量 A 的意願與自決程度。

　　MICS 似軟而空談，但我們在歷次的研討會裡，卻造成與會者很大的感動與行動。例如，在上海一家美商大型製造業的亞太高管兩天研討會後，亞太區執行長有感而發說，他有次與專案副總由無錫開車回上海，在兩三小時的車程裡，執行長激勵專案副總成功運作的正是 MICS 法則，只是當時激勵的次序不一樣就是了。記得，副總當時也起身正向回應各個細節。

　　ARCI 是個簡單有力的工具，但運作成功的最關鍵是成員們對當責的體認，別讓權責分配又成了無聊的紙上作業。深刻體認後，A 有很強的團隊當責與個人當責，而 R 們也有很強的個人當責，乃至個體當責──成員們會有相互正向挑戰的。

古人說：徒法不足以自行。不管工具多好，做事要成功還是常感到力有未逮。有了 ARCI，還要有 ARIA ＋ MICS，更需要把當責列為核心價值觀，在團隊裡或整個組織裡形成當責文化，以改變成員們的行為、思考與想法。形成文化後，在行為改變上，大家也可以互相支持、提醒與激勵，交出團隊成果就更有希望了。

讓我們一起創造一個能「分層當責，充分賦權」，有責有權，權責明確的個人、團隊與組織。

還有，建立共同語言與溝通平台，更容易與國際文化與實務接軌。

8-4 誠信正直（integrity）

　　先分享一個有關台灣人的小故事，讀來令人傷感，卻又是那麼的真實。你看過這篇網路文章嗎：「台灣人一直很欣賞奸巧的人，這才是問題之所在。」

　　2017 年初，我們在新加坡開辦了一場連續三天半的領導力研討會，主題之一有「企業與個人價值觀的實踐」，成功引發四十餘位高管們有系統地討論，很受好評。會後數週，我才知道原來會前有篇網路文章「台灣人一直很欣賞奸巧的人，這才是問題之所在」，在參加者的電子郵箱上流傳著。文章中對「奸巧」人的行為與「被欣賞」的狀況指證歷歷，並與歐、美、日人做了對比，許多小故事真是精彩，讀來令人汗顏；真實性毋庸置疑，不需辯解。問題是，這種奸巧的人很多嗎？欣賞他們的人也很多嗎？

　　這篇文章應是台灣人自己寫的，「奸巧」是台語用詞，小時在鄰里間還常聽到，記得父母提到時，總是負面評語，要引以為戒，會沒出息的。現在居然已成「台灣人一直很欣賞奸巧的人」？城裡人怎麼這麼壞？如今還在國際華人間公開傳佈，「知錯能改，善莫大焉」。如何改正？應是個大工程。我是習慣性地樂觀，就一次改一人，成功一次，讓成功故事繼續不斷吧。

　　系統上的做法是，台灣需要一次「價值觀」革命——尤其是

有關「誠信正直」（integrity）這個價值觀的革命！當然，首先得把「價值觀」（Values）與「價值」（Value）如國際上用法般地徹底分開，甚至矯枉過正也在所不惜。再舉例如，豬是有「價值」但沒「價值觀」的；再呼籲一次，描述人時，就別用「價值」替代「價值觀」了！

　　就算是「醜陋的台灣人」吧，也別太洩氣了，我們也讀過多本名著，如《醜陋的美國人》、《醜陋的日本人》，乃至柏楊的《醜陋的中國人》。但，批評別人、拉下別人，無助於提升自己。我們不硬拗了，承認了，並設法改進——誠信正直的價值觀可真是良方。

　　被稱為「欣賞」奸巧的台灣人，其實只是喜歡：耍小聰明、鑽小漏洞、貪小便宜。說這三種事是不誠信是有些太沈重，但這三「小」做多了，確實很容易形成風氣，減少羞恥心、降低警戒心，甚至導向大大的不誠信。台灣諺語說：「小時偷瓠，大了偷牛。」

　　使小聰明、得些小利或小確幸，然後驕其朋輩，似乎無可厚非，但別沈溺了。我們很需要把小聰明化為大智——大智常若愚，當個若愚若拙，前景更看好。我從小若愚，身旁許多「奸巧」玩伴多沈淪了，或老大了還在玩三「小」。

　　鑽法規的小漏洞真是難改。台灣長期受外族統治，養成人們大小漏洞都鑽，沒漏洞也鑽，因為法規總是代表著權威與統治；鑽成了，還可能代表著反權威、反統治的勝利。現在台灣人有專業加聰明，也慢慢當家作主、現身國際舞台，就別猛鑽了，何況許多「漏洞」在現代進步國家裡，只是「防小人，不防君子」。是君子，就是有為有守，有所不為有所為；不只守法，更守道德、倫理、價值觀。國際上乃至人類裡，是存在著「普世價值觀」與「主流價值觀」

的──誠信正直即是其一。

貪小便宜，我覺得主因來自節省，能省則省、不省白不省的「美德」吧。節儉慣了，再小的便宜都會成為小確幸，雀躍不已，還想分享。貪小便宜不足，卻成了貪心有餘，或成了台灣俗語裡的「小孩鑽雞籠，長大鑽鐵窗」。

在這些要小聰明、鑽小漏洞與貪小便宜的「三小」過程中，台灣人用了許多「巧」勁──有些還真是「靈巧」；但如果進入道德、倫理、價值觀或法律的灰色地帶時，就不是靈巧而是「奸巧」了。智者不為，大智者更不為，他們寧願看起來像個傻瓜──這些不做「三小」的「傻瓜」，會是未來台灣非常需要的人才。不要再笑不做「三小」的美國人、日本人是笨了。

如果你觀察得更廣、更深些，你會發現其實台灣人不欣賞「奸巧」的人。大部份台灣人從小的家庭教育是，對「奸巧」的人心懷警惕，甚而敬而遠之。可惜，長大自主了又喜歡三小，甚而又加一小──「小確幸」。台灣人是怎麼了？小國心態越來越嚴重。

「小確幸」的相反詞是「大願景」，也是本書強調文化的主題之一。願景、使命、價值觀中的願景──當你有夢要成真時，開始對夢做規劃，發現有一半以上成功機會時，夢就成了願景；然後，再加入使命、價值觀、中長期策略、架構／系統、流程，就進入每日工作計畫了。當你懷著願景與價值觀做每日工作時，你一定會減小對那消磨壯志的「舊三小」與「新一小」的誘惑了──「燕雀安知鴻鵠志？」領導人們需要這種自我期許。

孔子說：「大德不踰矩，小德出入可也。」問題是，小德出入太頻繁，大德就常會踰矩而不自知了，君子不可不慎。

對誠信正直形成最直接也最大衝擊的，我覺得是如電視政論節目，一位名校名學者說：「其實，你並不一定要選誠信的價值觀嘛。」他說得很無奈，我聽得差點從椅子上被震下來。場景是：一位著名大學的哲學系名教授，在有名電視台的名政論節目上，為一位正面臨各方有關「誠信」責難的名候選人再做辯解，教授說：

◆「誠信只是價值觀之一，並不是不可替換。」

◆「誠信沒有一定那麼重要，如果有牴觸時，應以大利益做考量，還是可以更改的。」

記得這位名教授當時講得斬釘截鐵，卻是稀鬆平常，看似有些「屢勸不聽」的無奈。

台灣政治上不重誠信已經如此糟糕了嗎？務實地想想看，好像雖不中亦不遠矣。下述皆是眾政客名言，企業界人士應作為警惕，別學了：

● 見人說人話，見鬼說鬼話，是最好的溝通法。

● 辦公室是一套，回家是一套；戴上面具，扮演好不同角色。

● 台面上的話才算，台面下的話不算，這是話術。

● 言行不一是很正常的，環境變化太快，人總要調適。

● 承諾有跳票是很常見的，許多因素你無法控制。

● 唯有變色龍才能生存。

我所見到的歐美許多進步國家的政治人物並不是這樣，政治家還是設法守住他們誠信價值觀的底線，也因此留名。

這位名教授在電視上幫一位失信候選人的說詞，負向影響很

大，遠大於那新一小與舊三小。

誠信，這種人類千年前、千年後都在追求，卻也並不一定能做得到的價值觀，並不能說做不到就放棄如敝屣。誠信真被眾人放棄時，人間會成煉獄吧。

別又把價值觀誤解成價值，而在論斤計兩地在算計著。

我們曾經在一家數百億級電子公司的高管內訓課程上，遇見一位副董事長有感而發地站起來對他的三十餘位高管公開承認（我這位外部講師也在場），以前公司曾介入灰色地帶投資，是不誠信的，應尋求補救；「我們以後不要再做不誠信的事了，誠信正直是我們的核心價值觀。」我印象仍舊清晰，現場一片肅然，副董泫然欲涕，真誠動人。那是多年前的事，今年年初我在一家千億級電子公司講課，執行長對我的附加叮嚀是，要對高管們「強調誠信正直的核心價值觀。不誠信，一定會被處理的。」

在企業裡衝刺業績，有時難免入灰色地區，但並不表示可繼續黑下去。國際卓越企業常因誠信而開除績效優秀人才的思考，希望哪天台灣企業也可做到。

誠信正直（integrity）是國際企業管理上的共通語言、共同溝通與合作的平台，要做到是很不容易，但我們要更加勉力去做到，別輕言放棄、或輕賤、或淡化它，它是長期成功之鑰，執行起來真的很難就是了，長期成功本來就很難。

看看台積電在「誠信正直」上的看法與做法。

台積電是台灣難得的世界級高瞻遠矚企業，他們認為「堅持誠信正直」是公司最基本、最重要的理念，這個理念代表公司的品格，公司人員在執行業務時必須遵守的誠信正直法則是：

● 「我們說真話，但一定要努力做到。」

● 「我們不誇張、不作秀。」

● 「對客戶，我們不輕易承諾，一旦做出承諾，必定不計代價，全力以赴。」

● 「對同業……絕不惡意中傷……也尊重同業的智慧財產權。」

● 「對供應商……以客觀、清廉、公正的態度進行挑選及合作。」

● 「我們絕不容許貪污、不容許有派系或小圈圈……不容許『公司政治』……用人的首要條件是品格與才能……。」

　　他們對「誠信正直」這個核心價值觀的看法與做法，平鋪直述，努力以赴。這就是優秀公司的作法：在全球激烈競爭下很難做到，但一定要努力做到。不是做不到就放棄，然後找藉口、找替代，夸夸其言。

　　在《商業字典》網站上，「誠信正直」的定義是：

　　一個要求在價值觀、原則、對策、方法、行動、目標與最後成果上，要有一致性（consistency）的概念；在倫理上，誠信正直要求一個人在行動上要誠實、真誠與正確。

　　這個定義的第一重點是，從內到外的「一致性」，所以是心口如一的、言行一致的、是說到做到的。第二重點是，做事時是誠實的、真心誠意的，還有，是做正確的事。

　　誠信正直（integrity）與我們常說的誠實（honesty）有什麼不同？我想到一個小故事：媽媽忙了一天，下班回到家，看到客廳

一角心愛的花瓶被打破了，大叫出聲：「花瓶是誰打破的？」裡面三個小孩立馬回答：「不是我！」然後，緊接著又問媽：「打破什麼？」

這是小孩，不管做過什麼壞事，先否認再說。在成人世界裡、在政客群中，劇本也每天上演──不管做了什麼錯事，絕不承認、死不承認。你有辦法就去找到直接而充分的證據，找到了再說；找到了，再承認或硬拗也不遲。何況，你很難找得到充分證據的。

如果花瓶是你打破的，但事後無人問起、無人追究，甚至無人發現，你毋需大聲嚷嚷；你不說話、不騙人、不找藉口，只是保持緘默，那你是「誠實」的。但，「誠信正直」呢？你心裡很明白，這是不對的事，你會承認做錯了，主動提出，尋求事後的補救與改善。

所以，「誠信正直」的要求是更高些。首先，他一定是「誠實」的（反之則不必然）；然後，他要求做正確的事。他有嚴格的倫理道德標準，也有一組信守的價值觀與信念，他尋求內心與外在的一致性。

誠信正直（integrity）一字根源自拉丁文的 integer，意思是完全與完整的（whole and complete）。所以，誠信正直不是單純的誠實（honesty），它還有的含意是：內在完全與外在品格的完整一致性。故，人們經由你的行動、話語、決策、程序與成果，可以輕易看出你是否是一個誠信正直的領導人。如果，你有內在與外在的一致性，那麼只有一個你，不會是令人迷惑的兩面人。不管外面環境怎麼變化，你就是你，唯一的你、全然的你──不會見人說人話，見鬼說鬼話；台上一種話，台下另一種話；上班一個樣，在家另一個樣。

So-Young Kang 早年在麥肯錫當顧問，後來自己創立 Gnowbe 顧問公司，具有五十餘國企業的輔導經驗。她在一篇論文上說，偉大領導人在誠信正直的路上，會選定去做的至少六件事是：

1. 了解「誠信正直」的真正定義——一種在概念上的內外一致性，從價值觀、原則、方法、行動到目標與成果上的一致性；還有，在行動上的誠實、真誠與正確性。(應也是取材自商業英文字典)
2. 清楚彰顯自己所言、所行，與決策是依憑著價值觀與信念。
3. 不管外部環境的變化，自己仍是原來那個相同的、真誠的（authentic）人——不論在家裡、朋友群裡、社區中，或董事會裡，他的言語、行為、行動都有一致性，不管在什麼環境下，你都可以輕易認出他。
4. 知道自己會對他人造成影響。誠信領導人能自覺自己的言與行，會有意無意地影響周遭的人。所以，當他的作為不符合誠信時，他會中止、承認、道歉，並改正。他謙虛、真誠，能以他人為中心。
5. 積極聚焦在品格與全人的發展上。他有計畫地花時間在閱讀、被教練、傾聽諮商、參加領導力課程，與檢討品格養成的進程。
6. 邀請他人同行。誠信領導人言行如一，是被信任的、是吸引人的，足以激勵他人一起追求誠信正直的人生旅程。

最後，有一個問題想請教你：誠信正直可以經訓練而得到嗎？

記得十幾年前，在台北參加了一個有關領導力的研討會。在會後，大師們都上台做結論，論題之一正是：誠信正直可以經教育或

訓練而成功嗎？

一位大師說，誠信正直很難訓練。你很難訓練一個不誠信的人變得更誠信，所以招聘人才時要更小心，一開始時就晉用誠信正直價值觀的人。

另一位大師說，誠信正直很難教育。誠信教育真正要成功，可能要從歷史教育著手，從更長的歷史事件中，你才可以學到誠信正直的真諦。

當時我印象深刻也頗有同感。後來，我讀到葛史密斯寫的一本有關教練的書，葛史密斯號稱是當代最有名氣的 CEO 教練，他說他在進行高管教練時，如果發現被教練者（coachee）是不誠信的，他就會立刻中止教練課程，因為不誠信的人是無法被教練成功的（uncoachable）。

我工作過的美國杜邦公司，誠信正直是他們的核心價值觀。他們對貪污是殺無赦，不管數額、不論績效，也無再教育訓練或留校察看的機會。

證諸這些事實，似乎有些悲觀。這麼重要的誠信正直，似乎在訓練、教育、教練與「更生」上，都有著重重困難。誠信正直可以訓練成功嗎？又如何養成？你認為呢？

分享我的個人經驗，我覺得我比以前更誠實了，也因為對「價值觀」與「文化」的精進研究，而更注意內外一致地往誠信正直路上逐步邁進；我比以前更儆醒、更守信、更守承諾，而且每天都進步一些，例如：

● 國際優秀企業的許多見聞，充分理解價值觀的重要性與震撼力。

- 了解價值觀在企業文化乃至個人文化中的地位。
- 了解價值觀的正向行為與負向行為及其取捨。
- 了解從個性—價值觀—態度—心態—行為—品格—行動—成果間的關連性。
- 探索了個人個性,多了一份趨吉避凶、揚強補弱的能力,也知所警惕。
- 杜邦文化的獎懲,會直接迫使你做行為改善 —— 直到養成新習慣;不只「誠信正直」提升了,我的「安全」意識也高過絕大部份台灣人。
- 自覺(awareness)與清醒(concienceness)的加強與加深,也有助於誠信正直的了解與實踐。

記得在一個有關誠信正直價值觀的私下會議裡,一位高管困惑而無奈地問:「可是這屬下的小貪污確是為了保住客戶,不為私利,於公是有很大幫助,怎麼處理?」

杜邦標準答案是:開除他,而且想都不用想。但,別忘了,教而後殺不謂之虐,孔子說的。

人還是可教育與訓練的,尤其是人才。雖沒很樂觀,也別那麼悲觀。

中國俗話說「無商不奸」。我常辯解:真的有商不奸的,別那麼憤世嫉俗。

台灣人,認真試試誠信正直的價值觀,你會有更大影響力的。

希望這段論述有所幫助。

8-5 勇氣（courage）

Courage is being scared to death---and saddling up anyway.
勇氣是嚇得要死──但，還是安上馬鞍，出發上戰場。

──約翰‧韋恩（John Wayne），飾演美國老牌牛仔電影英雄聞名的演員

把「勇氣」列入台灣經理人應更珍惜的首批價值觀裡，是因一次與許士軍老師的私下請教時提的，在討論的當下也認為很有道理，一時就忘了問許老師的為什麼。後來，我自己仔細想一想，湧起了一堆台灣人很有勇氣的故事，也有勇氣不足的故事；似乎是：也是我們該提振勇氣──尤其是堅守原則與價值觀的勇氣了。

台灣人是很有勇氣的，例如：

* 早期商人，拎著一只裝滿樣品的皮箱加上一口破英文，懷著一個大夢、一個必成的壓力，在全世界各地開發市場。

* 早期學人，帶著幾本書加上不足經費，在美國各大小學府追求新知，不只「有書唸到沒書」，也勇敢地闖入許多未知的學術與企業領域。

* 早期政府，勇氣十足、不畏讒譏地劃未來，造福三、四十年後

的現在；國家級的願景、使命，兼而有之，只是沒有系統性地明示出。

這批人在很強的硬實力之外、之下，也有著很強卻說不出口的軟實力。到今天，硬實力更強、更硬了，可惜軟實力在許多紛亂、輕視與妥協下，卻越來越軟、越空了，乃至喪失殆盡。

我以前幫忙許多企業及其事業部做兩年到三年的策略規劃，後來深深感受與沮喪的是，你無法去證明未來策略是正確的。現在可好，未來五年到十年，甚至十年以上，幾十年的願景、使命、價值觀，似乎更難有什麼明證。有些講求實務與務實的台灣人，越看越短期，越來越沒勇氣了。

還是有些人為什麼仍然還是那麼勇？所依恃的又是什麼？

● 一股蠻力？不太可能。如孟子說的「暴虎馮河」──空手搏虎、徒步渡河，視死如歸、死而無憾？非也。這種人最多只是一鼓作氣，再而衰，三而竭。氣不長的，也會臨事而懼。

● 一股正氣？有可能。還唸文天祥的正氣歌嗎？「天地有正氣……於人曰浩然，沛乎塞蒼冥。皇路當清夷，含和吐明庭。時窮節乃見，一一垂丹青……」讀之肅然起敬，那個「節」或許就是今人的「價值觀」，文天祥那股正氣化作勇氣，勇敢無比。

● 一個大目標？有可能。他們「所謀者大」，常說，「燕雀安知鴻鵠志？」為了那遠大目標，沿路上各種大小阻石就一腳踢開了。孜孜矻矻，步步推進，這種大目標或遠景，美國人又稱 BHAG（Big Hairy Audacious Goal）──遠大、艱鉅、膽大的目標。大小卓越

公司的領導人，多是具有的。

* 一個大目的？有可能。他們常自問也他問為什麼工作？意義何在？目的何在？賺錢只是其一，絕非唯一。也為了解決社會上、環境裡，乃至地球上的一些難題，救苦救難、為了利害關係人所需要的，走得更久、更遠。簡單而強烈的目的感，讓許多企業勇敢走向、走過百年。

* 一股莫名的氣？有可能。「輸人不輸陣，輸陣歹看面。」

* 從「為什麼他行，我不行」，到「為什麼 Intel 行，我們不行」，又到「為什麼日本行，我們不行」？

* 不信公理喚不回！正義安在哉？

所以，簡言之，大目標、大目的，與浩然正氣讓一個人、一個組織，勇氣十足地做出艱難決策，然後一步一步向前推進，終抵於成。推進的時候，會不會害怕？我喜歡美國 1960、1970 年代老牌牛仔影星約翰·韋恩的說法：面對許多西部惡徒，自己想想就害怕，還怕得要死；但，鋤奸任務在身，規劃完成後，把馬鞍安上馬背，單槍匹馬、奔向敵前。

所以，願景（大目標、BHAG）、使命（大目的）與價值觀（浩然正氣），幫助我們形成勇氣，然後向下執行策略，在結構與系統幫助下，化為每週、每日的執行力，也透過機制化能力找到長遠圖的支持，不致迷失。不願事事追求妥協、平衡與算計——有些事，是「大丈夫不為也」，不為就是不為，你看到難見的勇氣。

勇氣會展現在哪些場合裡？

在關鍵時刻上展現勇氣

在 VUCA 世界裡，諸事紛陳，紛至沓來。關鍵決策不是也無法機關算盡，多是來自願景、使命、價值觀的思量——尤其是在價值觀的思量上。關鍵時刻總是公司面臨重要十字路口，許多危機正在考驗著我們的核心價值觀。從人類史與企業史上，我們觀察到，每個人與公司都會面臨關鍵時刻，有些領導人或高管們運用了道德勇氣創造了偉大也不斷重現的成果。如，二戰的邱吉爾，又如交班點與上市期上的《華盛頓郵報》凱瑟琳‧葛拉姆（Katharine Graham），他們在國事、家事、公司事糾結的危機時分，選擇了價值觀做成決策，而非部屬們的機關算盡。

與員工們一起找出核心價值觀，堅守核心價值觀，用以對抗或制止常見的：濫用權力、虛情外表、傲慢態度、背後中傷、固執己見、大小賄賂、派系小圈、親信任用、對人不敬、自我中心、便宜行事、八卦橫行、敵意對抗、孤立操縱、扭曲事實、裝腔作勢、不當利潤、阿諛諂媚、近功短利、冷酷無情、憤世嫉俗、挖苦訕笑、性別與種族歧視、自私自利……這些從人類本能中散發出來的野性，充滿了誘惑力，還多采多樣多姿，你還是急得也要機關算盡？亟待領導力與勇氣來導引並導正。共同的核心價值觀及其衍生的有原則的態度、行為與行動，會幫助走出這些迷團的。

領導人必須具備勇氣，是倫理道德的勇氣、高貴價值觀的勇氣。如果是個人價值觀與組織價值觀連成了一線，更是勇上加勇，猛虎添翼；於是，在公司關鍵時刻，做出如下這般決策：

● 用共同的核心價值觀與大小遠近目標，統合快要瓦解的各部門與派系。

● 請志不同道不合的營運長離開；招募新的行銷主管。

● 調降高管高薪，自己也停止支薪。

● 改進咖啡供應，重建與董事會關係。

● 繼續要求產品品質，然後：

◆ 這個週末好好與家人團聚，與老大鬥個牛、摔個角，與小女兒
在圖書館唸書；還有，和老婆約個會小聚……

◆ 禮拜天晚上思考新的行銷策略，做為公司整體策略的一部份，
也記得連線與執行力。

這是我從美國「勇氣專家」李健孫（Gus Lee）學來的整體概念，
真神勇 —— 如何藉著價值觀及有原則性行為，走過公司與個人的
關鍵時刻。

在溝通上展現勇氣

很多台灣人不喜歡溝通，因為溝通完後，常常是雙方之間的溝
更大、更不通了，因此對溝通總有恐懼感。我曾經有家客戶，這位
大老闆很勇敢，他要在公司裡創造／引發衝突，因為建設性衝突才
能引發更好意見、更多參與，然後交出更好的成果。於是，我們幫
忙公司開了許多衝突管理的研討會，從華人特色談起，說明四種衝
突層級：

● 第一級是避免衝突：華人講究和諧，但衝突難以避免，小心一團
和氣常導致一敗塗地。

● 第二級是忽視衝突：衝突發生後，常大事化小、化無，或認為事
緩則圓，別去碰它，讓時間沖淡一些。

● 第三級是面對衝突；這種人是我們要的。他們敢於積極面對，不讓現在的小問題變成日後的癌細胞，正是這些人，我們要提升他們處理衝突的能力。

● 第四級是鼓勵／引發衝突；是優秀而勇敢的領導人，他們引發出更多對抗、更佳創意，以交出更佳成果。

專案管理界著名老顧問布拉克（Peter Block）說：「如果沒有說『不』的權利，說『好』就沒有意義；如果沒有了選擇，承諾就不是真的承諾。」

領導人，有勇氣讓部屬有權說「不」嗎？

如果對方沒有說「不」的權力，他就不會做出真正的承諾。給人選擇的機會與權利，更能激發出「為成果負責」（亦即，當責）的意志，而人類最深層的動力正是來自對自由意志的追求。

所以，衝突不只無法避免，還顯露機會多多。就做個有勇氣不畏衝突，想做好溝通的領導人吧。

溝通中有衝突是好事，老闆神經總要大條些；但，怎樣不讓衝突擴大甚至不可收拾？它有不變或不辯的底線嗎？有，先訂出。

以很難搞的跨部門團隊或跨國團隊為例，這些來自四面八方、各懷絕技的英雄好漢，如何在溝通後行動一致，共同交出所要的最後成果？

我們曾經從 IBM 與輝瑞藥廠等的許多跨部門團隊的成功案例中，整理出來六個關鍵成功要素，如：

● 有一個很清楚的共同大目標（goal），中目標（objective）與小目

標（target）——非常「明確」，雖然無法保證「正確」。

● 是一個有團隊價值觀為基礎的小組，這一組價值觀化成成員們的行為準則——你這樣做，合乎我們團隊價值觀嗎？讓成員們自問與互問。

● 有一個鮮活的小號願景，描述的是完成時的真實景況；有時再加上：為什麼要達到那樣？——別小看這點，它常成為做事的熱情之泉源。

● 有一個正確而傑出的團隊領導人，他被大老闆賦權了，所以能賦權他的成員們；他是一個「當責」領導人，他是 ARCI 裡面強壯的 A。

● 在團隊成立後的更早時期，就確定每位成員的 role and accountability（角色與當責），比常言的「角色與責任」更加具體明確。

● 容錯、安心、互信，甚至有幽默感的工作環境——工作挑戰太大了，夠辛苦了，領導人請給個更善意的軟體工作環境。

　　這個成功的跨部門團隊，如果放大幾號，就成了一個事業部或一個組織／企業了。當它成為企業時，前三項成功要素就放大，成了我們所常稱的願景、使命、價值觀，也就是我們最常輕忽的企業文化——台灣人總是不重視企業文化，也當然不重視團隊文化了。我們的團隊與企業，除了技術硬體高超外，現在似乎也有了更進一步提升效率與效能的空間了。

> 勇氣，讓人敢站起來說話；也讓人能坐下來傾聽。
>
> ——邱吉爾

> 當應該抗議的時候，沈默也是一種罪，它讓人變成懦夫。
>
> ——林肯

在領導上展現勇氣

希望台灣有更多有勇氣的領導人出現，他們敢於由下表的左欄目邁向右欄目，由好人變成為有勇氣的人。

好人	有勇氣的人
‧是「誠實」的人	‧是「誠信正直」的人
‧沒有鮮明的價值觀或原則	‧大膽宣揚並支持自己的價值觀或原則
‧不欺、不謊、不盜	‧不做不對的事，也挑戰不對的事
‧替自己人說話	‧敢替所有人仗義直言
‧守法守紀	‧守倫理道德與價值觀及其衍生的行為守則，形成品格
‧做好事	‧擇善固執做對的事——縱使有風險

右欄目的內容確實是多有風險，因此我們稱是有勇氣的人。台灣需要更多有勇氣的企業經理人。

孟子說：「自反而不縮，雖褐寬博，吾不惴焉；自反而縮，雖千萬人，吾往矣！」意思是，自己反省後，如果是不正直的，縱然

面對布衣平民，你不害怕嗎？如果，自反是正直的，雖然前有千萬人阻擋著，我也要勇往直前了。

「雖千萬人，吾往矣！」是真勇氣，「勇氣」是一種高貴的價值觀，是我們現在台灣人很需要的。勇氣背後也需要其他價值觀的相互支持，「誠信正直」正是其中之一，它正是「自反而縮」的「縮」。

讓我們都有一組可以相互支援運作的核心價值觀，用以成為更有勇氣的台灣人。

挺進一個「價值」與「價值觀」平衡經營的新時代

價值觀有甚麼用？真使台積電賺更多，成長更快嗎？我可以說是 "unequivocally and definitely YES."

台積電是個整體，若把價值觀拿掉，只看錢，一切完全失去真正的意義。

Integrity（誠信正直）、Commitment（承諾）、Innovation（創新）、Partnership（夥伴關係），是台積電、也是我個人四個最重要的價值觀。

————出自張忠謀專訪，《天下》雜誌 2006 年 6 月

　　2018 年 6 月 5 日，台積電創辦人張忠謀在主持最後一次股東會後正式退休，他也堅持「不續任董事、不接顧問、不擔任榮董」，留給台積電的是 321 億美元的年營收（2017 年），35.1％的淨利率，2,033 億美元的市值——甚至一度超越英特爾。

　　張忠謀在最後一次股東會中，念茲在茲的還是他的四大核心價值觀，他後來把夥伴關係（Partnership）優先考慮為「客戶信任」（Customer Trust），其他三個則維持不變。他說他對下個董事會有很大的信心，能維持這四個台積電的傳統價值觀；不論科技產業景

氣如何快速變化，他認為董事會的重要功能之一，就是守護與監督公司遂行核心價值觀。

記憶中，英特爾的傳奇 CEO 安迪・葛洛夫（Andrew Grove）在他最後一次的董事會中報告，只用了三張透明片，也是希望未來董事會要繼續守住英特爾的核心價值觀。

2018 年 6 月底，張忠謀赴台北「三三會」做專題演講，力晶執行長黃崇仁向他提問：「當你在選擇你的接班人，考量會是甚麼？」報導說，張忠謀一貫不假辭色地回答：「就是 Values（價值觀），要跟台積電的 Values 一樣。」他又說了一遍台積電的四個核心價值觀。

台灣企業裡，沒有人像張忠謀董事長這樣重視核心價值觀的經營。價值觀在台灣各界甚至被一直誤解與忽視；誤解還從名詞意義開始。這本書專論價值觀，希望把價值觀環繞的議題與故事都說明清楚。現在，故事講完了，我們最後還要以圖示方式簡明闡釋下述四個觀點。

一、原來，「價值」（Value）不等於「價值觀」（Values）

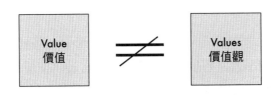

我們曾從英文、中文談起，還談到台語。

　　我們也談到價值觀的意義、目的、沿革、與最新發展，更重要的，我們談到價值觀的具體應用與應用方法——在個人、團隊、組織／企業、乃至國家社會等不同層級上。希望的是，人們能在心思上撥亂反正，然後，起身而行；讓事業與人生更成功、更有意義，也讓世界更美好。

　　在我們分別認識清楚價值與價值觀後，我們的目的感與目標感會驅使我們更進一步向前行，下圖更加清晰顯示了我們的意圖。

二、原來，「價值觀」與「價值」可以互用為手段與目的

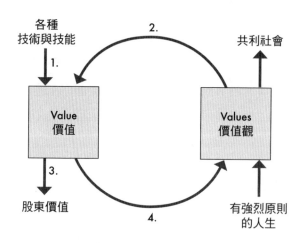

　　如圖中 1. 所示，組織／企業的領導人帶領人們每日辛勤工作，用盡各種手段，就是要創造更大價值——此時，價值是我們的「目的」。在人們以為用盡「手段」後，常忘記價值觀（如圖中之 2.）也是「手段」之一，只是較軟性、較隱性罷了。

　　在達成價值上「目的」後，就化為資本主義世界的股東利益

（如圖中之 3.），總認為那是「單一目的」也是「最終目的」。其實，價值也可成「手段」之一，用來提升更大、更強、更廣的價值觀──價值觀此時成了「目的」（如圖中之 4），例如為主要「利害關係人」創造更大價值。然後，價值觀轉身又成為一種「手段」，幫助創造更大經濟價值，這是《追求卓越》中許多企業正進行的。

故，如上的左右合圖，是國際卓越企業與健全社會，正努力推動的價值與價值觀平衡經營的新時代。

進一步深入來看，以價值為目的，我們的「手段」又有哪些？如下圖所示。

三、原來，「價值觀」可以用來幫助創造更大「價值」

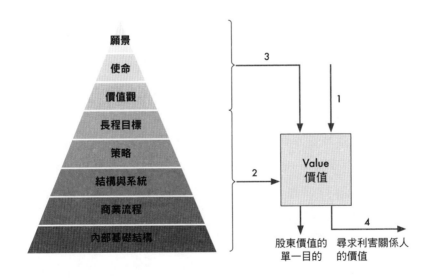

創造價值的手段很多，也一直在演進著，如：

● 是野蠻成長，有許多的叢林大戰，不擇各種手段；如放馬圈地、劃地為王，最後，領導人再來整合，也可能整合無望了。

● 由人治進入法治，有了策略、結構與系統，或流程。但，常難免遊走法律邊緣；有時是知法犯法，或守法守紀也鑽些漏洞。

● 是君子愛財，取之有道。這個道是企業的核心價值觀，價值觀開始影響著人們的行為準則與決策標準，企業提升價值也重視長期方向與宗旨了。

所以說，經營企業就是要賺錢、賺更多的錢，亦即要創造更高價值。在早期是不用甚麼制度的，後來，如圖中之 2 所示，需要建立內部基礎結構、商業流程、結構與系統，還需各種大大小小專案全力運作了；又後來，也感到對中長程策略規劃的重要性了。費盡心思就是要創造價值、更大價值——誰的價值？資本主義世界說，最終單一目標還是會歸結到最大化「股東價值」。

諾貝爾經濟獎得主傅利曼在辯論上也曾直言：創造主要「利害關係人」（包含客戶）的價值，也都只是個手段，最後還是要歸結到「股東價值」。只是，這樣的資本主義論理已引起越來越多的弊端與疑慮了。優秀領導人早已展開其他「目的」的追尋了。

企業人在費盡心思尋找創造價值的手段上，後來終於又看到了一條少人走的新路，原來，企業文化的共同價值觀也是企業創造價值的重要手段，如圖中之 3。這是 1982 年麥肯錫顧問湯姆·彼

得斯在〈追求卓越〉系列調查與研究後的結果報告。共同價值觀（shared values）是七個 S 之一，屬於軟技能、是隱性的。

然後，《流程再造》、《第五項修鍊》、《平衡計分卡》等等管理名著，陸續倡言「價值觀」確是一種重要手段，用以達成「價值」創造這個目的。其中《平衡計分卡》更是清晰地畫出這一條連線：員工的技術硬技能，加上價值觀的軟技能後，足以創造出商業流程的高效果與高效率，然後接著會創造出更高的顧客價值，最終創造出大家要得要命的股東價值。

可惜，這條線是單向前進的，股東價值並未回頭建立該有的價值觀，甚至經常敗壞了各種價值觀。於是《平衡計分卡》成了另一批企管專家學者們眼中「一匹披著羊皮的狼」。

在這一股價值觀是「目的」或「手段」的爭戰中，大部份台灣企業還是免疫了，價值觀好像什麼也不是，是個空包彈，不可能用為「手段」，更不會是「目的」；我們甚至迷失在「價值」與「價值觀」的名詞迷霧裡。

資本主義者講究資本，股東是投資人，所以股東價值自然成了西方企業經營的單一最後目的，直接反映出來的是股票價格。東方人對股東價值多少也存疑，小股東一大堆，股票在短期內換來換去，大股東的大老闆還吃掉了大部份的「價值」。

總公司在北京的中國華夏基石管理諮詢集團，副總裁王祥伍從共產主義與遠距角度觀察，有個很有趣的結論。他說，西方企業家平生有三大「拚命」：拚命賺錢、拚命省錢、拚命捐錢。但，東方企業家只有兩個「拚命」——少了第三項的拚命捐錢。

西方資本主義由於大量累積並運用資本，創造了西方可敬的進

步與富裕，對西方文明進步貢獻很大，但貪婪的資本家也滋生各種弊端。應該是受到基督宗教文化的影響，這些大資本家總是拚命捐錢，他們的大量錢財又還諸社會，造福社會。所以，西方資本主義還是活得頭好壯壯的。

美國鋼鐵大王安德魯·卡內基（1835～1919）十三歲時在紡織廠當童工，四十六歲時創立卡內基公司，曾屢被攻擊：工人工資低、工時太長。後來，他終成美國首富，但也開始散盡家財，做了各種慈善活動，如建國家公園、卡內基大學，在世界各國捐建數千座圖書館。他的名言是：The man who dies rich thus dies disgraced.（一個人在死時，如果擁有巨額財富，是一種恥辱。）他的慈善行為引發當代富人群起仿效——還一路影響到現代的巴菲特與比爾·蓋茲，這就是西方資本家常見的「拚命捐錢」，如圖中之 4。

可惜，台灣老闆們也是還少了第三個「拚命」。

新企業家正興起。他們喜歡「新資本主義」，如「清醒資本主義」（Conscious Capitalism）。他們把價值當成「手段」又去追求其他「目的」了，這些人高瞻遠矚地走入共利的未來社會。

四、原來，「價值」本來就是用來幫助企業推動「價值觀」

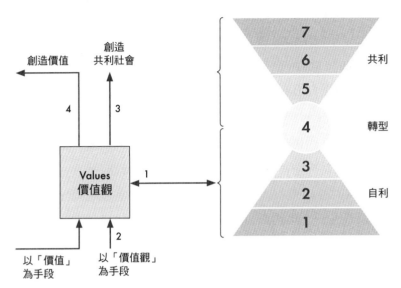

　　企業人用盡「手段」創造價值，除了「股東價值」外，也開始有了要創造其他「利害關係人價值」這樣的新價值觀了。這時，價值成了「手段」之一了。

　　價值觀包含七個等級或階段（如圖中之 1）；從自利型的三種，到轉型階段，到共利型的三種，詳細如第四章中所述，期待的是，越來越多的企業能轉型到更多的共利型價值觀上。

　　也有企業更直接專注在新價值觀經營，如，有章程在明確管理的 B 型企業、自然資本主義者、麥可・波特提倡共創社會價值的共享價值資本主義、與比爾・蓋茲的創意性資本主義者。

　　例如，麥凱新資本主義的全食超市經營的「核心價值觀」是要達成下述五個「主要」利害關係人的價值：

1. 滿足而且快樂的「顧客」
2. 全體「員工」能樂在其中
3.「投資人」是被激勵著
4.「供應商」有美好的夥伴關係
5.「社區」與「環境」有美好的回應

　　另外，他們也注意著更外圈的利害關係人的價值，如：競爭對手、生物權益推動者、批判者、工會、媒體、政府等。

　　以個人層級來說，也不是每個人一生立志就要增加價值的，知名例子之一是美國的班傑明‧富蘭克林（1706-1790）。二十歲時，他立志成為一個「道德完美」的人，當年他總結了十三條原則（Principles），決心一生遵守。包含如，秩序：物件要定位，辦事有定時；正直：不做有損他人的事，要做對人們有益的事，這是義務；誠實：力戒虛偽欺詐，心存良知與公義，說話亦如此；謙虛：仿效耶穌與蘇格拉底…等等共十三條。他每週力行一條，養成習慣後再進行下一條，一直地周而復始地實踐著。這十三條成了他一生信守的價值觀，如圖之2。

　　富蘭克林十歲時因家貧被迫輟學，十二歲在哥哥印刷廠當學徒，一生勤學不輟，終於成為著名的科學家（在物理學上佔有一席地位）、發明家（如發明避雷針等）、外交家（曾出使法國貢獻很大）、作家、教育家（協創賓州大學），更是政治家——他是美國建國國父之一，是唯一一位先後簽署美國建國三大文件的人。

　　在 2005 年一次涉及數百萬美國人大調查的「最偉大美國人」中，富蘭克林高居第五名。他一生努力實踐十三條原則 / 價值觀，

在一路困苦奮鬥後的二十歲早年即悟道。他平生沒有要竭力創造價值，卻創造了豐盛價值觀的人生。

這些價值觀的手段幫助創立了共利社會，與第三「拼命捐錢」的企業活動在此都是成為「手段」了。

不能免俗地，我們仍需以價值觀為手段去創造更大「價值」，如圖中之 4。總結是，我們需要在市場裡、各種網絡裡、組織／企業裡、家庭裡、朋友間，重新連結起價值與價值觀──不是單向的，而是雙向的。道格・史密斯在他長期的國際企業顧問生涯後，也有感而發說：「如果，你要過一個好生活並且創造出不同，那麼，請調合價值與價值觀吧。（Blend value and values if you want to live good lives and make a difference.）」兩者應不是主從關係。

企業在追求價值的過程中，價值觀總是被要求臣服乃至棄而不顧。人們總是聚焦在價值的單項或單方向上，報導的是獲利大增，不報污染大增或員工血汗。硬把價值與價值觀分離是醜陋的，缺乏價值的價值觀（value-less values），與缺乏價值觀的價值（values-less value），都不值得再予重視。

我們重新結合價值與價值觀，也是學習《基業長青》中的做法，不要「非此即彼」式的（either/or），而是「兼容並蓄」式的（both/and）。學習如何做到：讓價值觀同時是一種工具與一種目的，也主張：價值與價值觀是兼容並蓄的商業倫理。

五、原來，有些「價值觀」是無價的

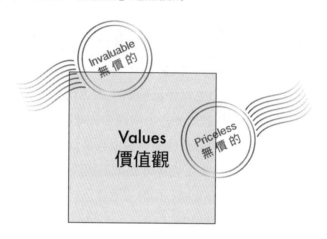

在許多狀況下，許多核心價值觀是不妥協的、是無價的：例如，誠信正直、信任、當責的核心價值觀，我們就別再拿來比評「價值」或「價格」了。

歐洲工商管理學院（INSEAD）傑出教授 Manfred Kets De Vries 說：「領導人就像酒，有些會沉澱成佳釀，有些會變質成酸醋。」許多傳統價值觀，總是讓美酒沉澱成佳釀。

後　記
一個附加的價值觀之旅

2018 年 5 月初旬，我在美國參加 ATD（人才發展學會）慶祝七十五周年、為期四天的國際研討會議，主題演講的嘉賓是美國前總統歐巴馬。

演講是當天早上八點四十五分開始，早上六點半就開放排隊進場。我在警備森嚴中，邊排隊邊走路地約一個半小時後，才與幾千人一起進了會場。

原以為總統有專題演講，卻只是與 ATD 執行長的對談，對談的氣氛頓時就輕鬆起來了。但，對談一開始，雙方略事寒暄後，ATD 執行長立即開門見山發問：「總統先生，你在那本傳記中，為何用那麼多的篇幅在論述價值觀？」

我一聽到「價值觀」，眼睛立即為之一亮，精神也大振 —— 這種場合也談價值觀？我立即掏出大筆記本，在隨後的雙方談話裡，我也特別有感、有意識地聽到雙方在談 "Values" 時，尾音裡 s 清晰的發音，每次都如此。

歐巴馬強調，「價值觀」在人們的行動、思考與生活裡的每一件事上，都扮演著強烈的角色。他說：「我越來越能體會出一些老式的、家教的價值觀的重要了，例如：誠信、仁慈、社會有用性、負責任、努力工作，與承擔重任等。」這些價值觀同時都應用在他

的個人生活與事業生活上。

他也講了一個小故事。在總統選戰期間，他在愛荷華州的一個小鎮裡有位名叫瑞安的亞裔助選員。瑞安在這個區域助選時，首先要面對的是他自己的種族問題；但，瑞安擁有一組清楚的價值觀——相信是傳自他父母，他帶到了助選現場，展現出：開放、尊重與社會有用性的特質，與鎮民交往愉快。故，當歐巴馬抵達小鎮，加入競選大會時，瑞安已是個眾所歡迎的人物，「甚至比我這個總統候選人更受到歡迎」。

歐巴馬說：「瑞安成功的原因，不是因為我那十項健康照顧計畫，或我的經濟政策，而是他的那套價值觀在運作著。」歐巴馬又說，他的許多助選員都很成功，是因他預先設置了一套架構與激勵制度；但，更重要的前提是，他說明得很清楚：

We're going to give you a lot of responsibility, we're going to hold you accountable.
我們將給你許多責任，我們將要你負起當責。

看來，責任感加上價值觀，應是幫助了許多大、小人物成就了許多大事了。

美國許多鄉下小鎮，至今仍存在著種族歧視。想想看，一個「異族」身處其中，還想站出來在「議題」上「領導」他們，這挑戰有多大？但，彰顯與實踐價值觀卻能融入其中，幫助人們卸下心防，平心靜氣甚至志同道合地工作在一起，還成功地成就了志願。

當天總統的對談會結束後，我去了會場附設的書店，買了那本

歐巴馬的著作：《The Audacity of Hope》（直譯如「放膽寄望」）。當晚翻閱，發現確是有很大篇幅在討論了美國人的核心價值觀，以及在國家價值觀上，政治裡的許多爭執、背叛、要求、需求、維護與寄望。書中也談到 2004 年總統大選完後，立即做出的出口民調顯示：Moral Values（道德性價值觀）這個含意模糊、包含甚廣的價值觀因素（Values factor），正是美國人民投下選票的決定性因素，也讓共和黨在此勝出。

這趟在美國的近月旅行，似乎也成了我的附加價值觀之旅——後面，我又去了洛杉磯郊區西米谷的雷根圖書館，在館內參觀了一整天。很巧，雷根競選與當值美國總統期間，正好是我在美國讀書與工作時，對於這位老總統當年如何振奮年輕人與管理界、政界、商界、各界，印象深刻。他推倒了柏林圍牆，裂解了蘇俄聯邦……他的影響力遍及全世界，記得當時我們企業界盛傳並學習的便是雷根式授權管理。

在雷根紀念館裡，我看到、想到的，更多是他在談論信念、信仰、目的、意義、價值觀、願景與未來。他始終要大家知道的是：更好的未來正要到來。雷根在世時，常受到像英雄似的景仰，也成為美國人最喜愛的總統之一，其中的大原因是他一生信守的十一個原則，如：自由、宗教信仰、家庭、人性尊嚴與不可侵犯、有武力做後盾的和平、反共、個人主義的信任…等等。他不只在位八年，有目共睹，追溯三、四十年生涯，也是斑斑可考。「雷根保守主義」還成了吸票大招牌。

紀念館的最後一段是雷根總統葬禮展，在一些圖片的前面，我看到了一些參觀者在默默飲泣。

個人價值觀與國家價值觀的連線與實踐，在美國歷代總統處理內政與國際事務時，總有許多精彩甚至可歌可泣的故事。下則名言引述的年代又更遠些了，俄國大文學家托爾斯泰（1828-1910）說：

> 為何林肯如此偉大，足以讓所有其他國家的英雄們失色？他真的不是一位偉大的將軍，如：拿破崙或華盛頓；他也不是一位多才多藝的政治家，如：葛雷史東（註：十九世紀英國首相），或菲德烈大帝。但，他的至高地位，全盤彰顯在他的特有道德力量，以及偉大的品格裡。

延續這段價值觀之旅的是，我每天在各地不同的飯店醒來後的大清早裡，多在寫這本書。有時，段落完成時，自己的心裡都因內容受到很大的自我鼓舞；更高興的是，行程結束時，全書初稿也大致完成了。

調查統計說，全球大約只有 10％的組織／企業在確切地實踐著價值觀領導；在已成年的個人層級上，這個數字就更低了，殊屬可惜。個中原因，據報是因為在價值觀領導上缺乏可善用的資源與輔助，希望的是本書在這個領域裡能略盡綿薄。

故事講完了，記起了唐代劉禹錫的一句詩：「沉舟側畔千帆過，病樹前頭萬木春。」詩句如畫；然而，我想的是，江上總有沉舟，或者，沉舟不知凡幾。但，別擔心，要有信念、信心；看那一旁，千帆正爭相通過，揚向大江大海的美好前程。

或許，江邊總有病樹，氣息奄奄，晦氣一片；但，別擔心，要有前景、願景，前頭萬木正爭相迎春，欣欣向榮地生機無限。

于右任先生老年時豪情猶在，他略改了別人的詩，寫成了下首傳世之作：

不信青春喚不回，不容青史盡成灰；
低徊海上成功宴，萬里江山酒一杯。

在這詩中，我想的「青春」是，青春永駐般的「價值觀」；我想的「青史」是，興衰凌替中的「企業史」；「成功宴」還是照舊要開出的，但，是開在未來旅程的里程碑上；最後，要勸這些「價值觀領導」路上的英雄們：酒，少喝一杯。所以，我大膽改了于老名言最後的三個字，完成了本書的自勉詩，也與讀者共勉之：

不信青春喚不回，不容青史盡成灰；
低徊海上成功宴，萬里江山書作陪。

　　　　　　——全書成於 2018 年 8 月，新北市。

附記

本書多處引述只藏於記憶，原出處難考，如有錯失，請讀友指正；書中亦多有個人經歷與經驗，如有思慮未周、失之偏頗，也請指教。寶貴意見將在再版時考量。來信請寄至：wayne_chang@strategos.com.tw 或，直接來電：0919-206-128 電話討論。讓我們同心努力，共創更進步台灣。

案例：一個「價值」與「價值觀」平衡經營的故事

張文隆 2021 年 5 月 10 日補記

約兩年半前，矽谷創業家馬克·貝尼奧夫（Marc Benioff）出版了一本傳記，分享了他創立賽富時（Salesforce）二十年有成的故事。賽富時是一家雲端 CRM（顧客關係管理）公司，創立才二十年，公司年營業額已達 133 億美元，市值超過 2,000 億美元，與（英特爾）Intel 及（甲骨文）Oracle 相若。此外，這家績效卓著的公司還得過《富比士》（Forbes）雜誌連續五年全球最創新獎、《財星》（Fortune）雜誌連續 4 年全球最受尊崇公司獎與連續 8 年最佳雇主獎、與經濟學人創新獎等大獎。

貝尼奧夫在南加大畢業後進入矽谷甲骨文工作，26 歲時即成為甲骨文有史以來最年輕的副總裁，37 歲時他創立了這家賽富時公司。二十年來，他也因此得過許多大獎如：《財星》年度企業家、《巴倫周刊》（Barron's）全球最佳 CEO、《哈佛商業評論》最高績效 CEO、美國國家工程學院院士、奧斯陸和平事業獎等。

他寫的這本書的書名是 *Trailblazer*，中文譯成《開拓者》。意思是：在人跡罕至的荒野，成功開拓荒郊小徑，啟發後人跟從也鼓舞一起開拓。貝尼奧夫就是一位開拓者，一路伴行他的也是一批「志同道合」的開拓者員工。從創業伊始，一路上在啟迪並激勵他們的正是公司高瞻遠矚的願景（即「志」）與堅守不懈的 4 個核心價值觀（即「道」）。在堅守價值觀上，不只老闆們熱情以赴，員工們也積極相挺，在灰色不明或爭議地帶還是會冷眼冷血抗議的；貝尼奧夫把這段二十年全程奮鬥史，在書中娓娓道來，毫不保留；知無不言，言無不盡，精彩極了。

全書共分上下兩部，上半部的首頁，原文版開宗明義就是三個英文字：

Values Create Value

　　有些台灣讀者在讀英文版時，可能就此立即迷惑了——Value 通譯為「價值」，兩個 Value 先後擺在一起，一個複數，一個單數；複數要「創造」單數嗎？可以大膽譯成：「價值創造價值」？或「價值觀創造價值觀」嗎？看過我寫的《價值觀領導力》這本書後，你當然可以百分百確定是：「價值觀」創造「價值」。鬆了一口氣，其實，Value 單複數兩字的差別意義還真會考倒不少不求甚解的華人呢。現在，字義沒問題了，可是內涵還是有許多狐疑——軟軟的「價值觀」真會「創造」硬硬還可數字化的「價值」？還要被一家新創高科技公司奉為經營圭臬？

　　貝尼奧夫說賽富時公司的四大「核心價值觀」是：信任（Trust）、顧客成功（Custom Success）、創新（Innovation）、與平等（Equality）。其中多項還真是老生常談，甚至了無新意。他卻在書中分別各用了二、三十頁的長篇幅詳述如何運用這四個價值觀在競爭激烈的國內與國外市場中，驚滔駭浪地贏得顧客與市場，並強勢成長。舉其大者，例如：

1. 信任：號稱是公司裡天字第一號價值觀，比創新更重要。他們藉由公司內與公司外刻意營建的互信，贏得了豐田汽車五千營運點、三百家經銷商的業務；還擴及飛利浦和史丹利百得等大公司。也因「信任」而放棄了可能潛藏著天文數字「價值」的推特（Twitter）收購案。

2. 顧客成功：為客戶打造客戶成功的基礎設施，解決客戶問題背後的問題，成功阻止了「美林證券 2013 大叛逃」，也贏得美國銀行集團的重大業務。利用毫無獲利性的「Dreamforce」（年度用戶和開發者大會）與社群力量讓「顧客成功」成為公司全員聚焦點。穿上顧客鞋，多走了一哩路，度過 2008 金融危機，還贏得家得寶（Home Depot）、愛迪達等的大生意。

3. 創新：加入 AI 與生態系統的力量，專注於當下，投射於未來往四面八方在每個角落尋找創新，孕育出許多重大計畫；讓公司脫胎換骨，還贏得賈伯斯及各方人才的加入。

4. 平等：指員工不論性別種族，在薪酬與升遷機會上都是平等。曾經為了矯正同工不同酬——尤其對女性——公司前後三年共花近九百萬美元才痛苦修完。而後，公司成為吸引全國最頂尖人才——尤其是女性——之

地,公司也連續多年贏得最佳雇主、最受尊崇等大獎。貝尼奧夫說,這項核心價值觀也是他們贏得寶僑(P&G)一項重大專案的最主要功臣。

貝尼奧夫總結說:「我們的四項核心價值觀,不僅各自以其獨具特色的方式為公司創造價值,它們也彼此交織、共同運作,創造出動能,驅動我們的飛輪不斷向前。」他對「平等」的價值觀還特別有感,說:「我堅信,在未來要展現企業的完整與永續價值,平等就是那把鑰匙。」

然後,下半部名字是有點長,英文原文是:

Business Is The Greatest Platform For Change

有價值觀在協助,創造出如此高高價值／市值後,企業還須成為最巨大的平台以推動改變。貝尼奧夫說:「營收排名裡佔全球前百大的主體中,有70%不是國家而是企業,如,沃爾瑪(Walmart Inc)、蘋果(Apple)、三星電子(Samsung Electronics)等,所以,企業人是有資源、有經濟實力,與默許的認可,也有責任應該勇敢參與社會議題並實踐真正變革的。」

傳統資本主義一直在倡言的是,企業的單一最終目的就是要創造價值──股票持有人的價值,然後,繼續創造更高、更高的價值。但,現代企業家在有了價值後,應該要提升、擴大、遂行價值觀了,更要重視「利害關係人價值」的價值觀;而利害關係人也正催促著企業人介入敏感的社會與政治問題,尤其是他們認為政府已無法發揮全效時。

所以,本書下半部進入以價值去擴大、創造、提升「利害關係人價值」的價值觀。正如《價值觀領導力》一書中所倡導的建設性、良性價值與價值觀循環,或平衡經營。

「利害關係人」包含員工、客戶、供應商、投資人、社區、環境、乃至地球等共有利害關係者。所以,在本書下半部中,貝尼奧夫曾努力於:

● 建立賽富時(Salesforce)大家庭,與員工的「健康幸福園」
● 以回饋社會來展望未來,「離開觀眾席,下場參與比賽」
● 撥出1%股權、1%產品、1%員工時間,投入自己的非營利機構

● 以志工隊幫助社區學生與年輕人提升技能，讓他們看到無限可能
● 解決四大核心價值觀所面臨的各種對抗與衝突，經營價值觀
● 關心人類所面臨的氣候危機，確認環境是企業的關鍵利害關係人
● 在平等辦公室裡又成立道德與人道工作小組，更關懷社會
● 主動介入處理快速惡化的舊金山（總部所在地）街友危機，並資助市府
　遊民方案

　　貝尼奧夫堅信：我們經營事業確是為了增加獲利，但也是為了改善世界並增進利害關係人的價值——不只是股東價值。追求利害關係人的利益，不只是對心靈有意，也對公司長期有利。

　　於是，這本書在**價值觀**創造**價值**然後**價值**繼續創造與堅定更高**價值觀**的大架構下完整了。貝尼奧夫說：**這個世界，萬事萬物正以前所未有的方式相互連結，我們不可能盡是躲在高牆後面或平台下面而置身事外。**

　　我的書《價值觀領導力》在 2018 年 10 月出版，寫出了一些我在三十年國內外職場的感動與二十年兩岸顧問的感想，雖人微言輕還是抒發了一見。在 2019 年 10 月時，驚見貝尼奧夫出版《開拓者》（*Trailblazer*）論述價值觀，大喜過望，買了紙本書一字一字仔細地讀，讀完收穫超豐滿。發現這兩書從內容到架構都很相像——與大創業家、思想家相像，讓我更有信心了。中譯本的《開拓者》在 2020 年 9 月出版，我曾受出版社之託在網路上寫了一篇兩千餘字導讀，想幫助讀者更有效閱讀。這本中文版譯筆流暢，暢快好讀；唯一可惜的是全書數十處 Value（價值）與 Values（價值觀）在中文上還是混為一談，中文讀者會有些困擾吧。

　　最後，容我再引述麥肯錫顧問合夥人大衛・K・史密斯（D. K. Smith）的一句話作為本篇補記的警惕與勉勵：「對我而言，那是麥納托（Minotaur；希臘神話中一種牛頭人身的怪物）的後代——他們貪贓枉法，卻熱情無比也聰明伶俐；他們追求價值（Value），從不參照價值觀（Values）。」讓我們別在無意中成為半人半牛「麥納托」的後代了。

國家圖書館出版品預行編目（CIP）資料

價值觀領導力 / 張文隆著. -- 初版. -- 臺北市：商周出版：家庭傳媒城邦分
公司發行, 2018.10
　　面；　公分. -- (新商業周刊叢書；BW0689)
　ISBN 978-986-477-543-9(平裝)

　1.企業領導 2.價值觀

　494.2　　　　　　　　　　　　　　　　　　　107016218

BW0689

價值觀領導力
緊抱核心價值觀，盡展卓然領導力

作　　　者／張文隆
責 任 編 輯／李皓歆
企 劃 選 書／陳美靜
版　　　權／黃淑敏、翁靜如
行 銷 業 務／周佑潔

總　編　輯／陳美靜
總　經　理／彭之琬
發　行　人／何飛鵬
法 律 顧 問／台英國際商務法律事務所　羅明通律師
出　　　版／商周出版
　　　　　　臺北市 104 民生東路二段 141 號 9 樓
　　　　　　電話：(02) 2500-7008　傳真：(02) 2500-7759
　　　　　　E-mail: bwp.service @ cite.com.tw
發　　　行／英屬蓋曼群島商家庭傳媒股份有限公司　城邦分公司
　　　　　　臺北市 104 民生東路二段 141 號 2 樓
　　　　　　讀者服務專線：0800-020-299　24 小時傳真服務：(02) 2517-0999
　　　　　　讀者服務信箱 E-mail: cs@cite.com.tw
　　　　　　劃撥帳號：19833503　戶名：英屬蓋曼群島商家庭傳媒股份有限公司城邦分公司
訂 購 服 務／書虫股份有限公司客服專線：(02) 2500-7718；2500-7719
　　　　　　服務時間：週一至週五上午 09:30-12:00；下午 13:30-17:00
　　　　　　24 小時傳真專線：(02) 2500-1990；2500-1991
　　　　　　劃撥帳號：19863813　戶名：書虫股份有限公司
香港發行所／城邦（香港）出版集團有限公司
　　　　　　香港灣仔駱克道 193 號東超商業中心 1 樓
　　　　　　E-mail: hkcite@biznetvigator.com
　　　　　　電話：(852) 25086231　傳真：(852) 25789337
　　　　　　E-mail : hkcite@biznetvigator.com
馬新發行所／Cite (M) Sdn. Bhd.
　　　　　　41, Jalan Radin Anum, Bandar Baru Sri Petaling, 57000 Kuala Lumpur, Malaysia.
　　　　　　電話：(603) 9057-8822　傳真：(603) 9057-6622　E-mail: cite@cite.com.my

美 術 編 輯／簡至成
封 面 設 計／黃聖文
製 版 印 刷／韋懋實業有限公司
經　　　銷　商／聯合發行股份有限公司　電話：(02) 2917-8022　傳真：(02) 2911-0053
　　　　　　地址：新北市 231 新店區寶橋路 235 巷 6 弄 6 號 2 樓

■ 2018 年 10 月 08 日初版 1 刷　　　　　　　　Printed in Taiwan
■ 2019 年 02 月 15 日初版 2 刷

ISBN　978-986-477-543-9

定價 360 元

城邦讀書花園
www.cite.com.tw